“十四五”职业教育工业机器人技术应用专业系列教材

工业机器人维护与保养

杨利静　孙国强◎主编
王珺萩◎主审

中国铁道出版社有限公司
CHINA RAILWAY PUBLISHING HOUSE CO., LTD.

内 容 简 介

本书针对职业院校人才培养需求，按照项目式教学的理念精选教学内容，取材新颖，内容全面，实操性强。全书共五个项目，包括工业机器人现场环境认知、工业机器人控制柜维护与保养、工业机器人本体维护与保养、工业机器人系统维护、工业机器人外围设备维护与保养。

本书全面落实立德树人根本任务，紧密对接工业机器人维护保养岗位需求，融入新技术、新工艺、新流程、新规范，兼顾理论与实践内容，突出职业特色，强化理论与实践的结合，实现教材内容与岗位标准对接。

本书适合作为职业院校工业机器人技术应用、机电一体化等相关专业的教材，也可作为从事工业机器人应用与维护等工作的工程技术人员的培训教材或参考书。

图书在版编目（CIP）数据

工业机器人维护与保养 / 杨利静，孙国强主编. 北京 ：中国铁道出版社有限公司，2025. 6. --（“十四五”职业教育工业机器人技术应用专业系列教材）.
ISBN 978-7-113-32207-6

Ⅰ. TP242.2

中国国家版本馆 CIP 数据核字第 2025GE5488 号

书　　名：工业机器人维护与保养
作　　者：杨利静　孙国强

策　　划：张松涛　　**编辑部电话：**(010)83527746
责任编辑：张松涛
封面设计：刘　颖
责任校对：安海燕
责任印制：赵星辰

出版发行：中国铁道出版社有限公司（100054，北京市西城区右安门西街 8 号）
网　　址：https://www.tdpress.com/51eds
印　　刷：北京联兴盛业印刷股份有限公司
版　　次：2025 年 6 月第 1 版　2025 年 6 月第 1 次印刷
开　　本：787 mm×1 092 mm 1/16　**印张：**12　**字数：**306 千
书　　号：ISBN 978-7-113-32207-6
定　　价：58.00 元

“十四五”职业教育工业机器人技术应用专业系列教材

编审委员会

序

随着制造产业的转型升级、工业4.0的推进，工业机器人的应用呈逐年快速增长态势。为认真贯彻落实《国务院关于加快发展现代职业教育的决定》，加快建设现代职业教育体系，推进职业教育改革发展，上海信息技术学校顺应技术的变迁，向上海市教委申办工业机器人技术应用专业，并于2014年招收工业机器人技术应用专业学生。同年，学校成功申报上海市职业教育现代控制技术开放实训中心，以建设工业机器人技术应用实训设施为主，次年10月完成建设任务。2017年以“面向智能制造的专业创新模式与实践——以工业机器人应用与维护方向为例”获得上海市职业教育教学成果一等奖。2024年，学校工业智能高水平开放实训中心被命名为上海市高水平开放实训中心培育项目。

新时代国家给中职的新定位要求是夯实专业基础知识、扎实训练基本功、熟悉职业领域、提升未来职业认同感。经过十多年的教学实践探索，工业机器人技术应用教师团队获第二批国家级教师教学创新团队，在课程设计、教材编写、教学实践等方面积累了经验，在工业机器人技术应用专业建设中加强产教融合，引入新技术、新工艺、新设备，并获批立项上海市优质专业。

本次出版的六本教材，其中三本为首批“十四五”国家规划教材的改版，三本为新编教材。经过两年左右的准备，学校在原工业机器人技术专业教材编委员的基础上，引入了多位上海新时达机器人有限公司的一线专家，组成了校企双主编的编写团队。本套丛书以工业机器人系统操作和维护为侧重角度，采用任务驱动模式编写，教材内容经过精心设计，配套完整的课程辅助资源，融入课程思政，实现教材立体化。

本套丛书面向中、高职学生和工业机器人系统操作员、工业机器人运维人员，以典型工业机器人应用实例向读者介绍了工业机器人技术应用领域的系统技能，包括使用示教器、操作面板等人机交互设备及相关机械工具，对工业机器人、工业机器人工作站或系统进行装配、编程、调试、工艺参数更改、工装夹具更换及其他辅助作业，也着重介绍了使用工具、量具、检测仪器及设备，对工业机器人、工业机器人工作站或系统进行数据采集、状态监测、故障分析与诊断、维修及预防性维护与保养作业等内容。

本套丛书由上海市智能机器人职业教育集团秘书长王珺萩担任主审，并邀请了多位企业专家、职教专家进行审校，力争教材的思政性、科学性、职业性都保持先进。

由于工业机器人技术发展快，书中难免有不当之处，请各位读者批评指正。最后感谢为本套丛书制作了教学视频资源的上海优信教育科技有限公司及其他给予我们帮助的同仁。

王珺萩

2025年3月

前言

党的二十大报告指出:“加快构建新发展格局,着力推动高质量发展。”“坚持把发展经济的着力点放在实体经济上,推进新型工业化,加快建设制造强国、质量强国、航天强国、交通强国、网络强国、数字中国。”工业和信息化部等部门印发的《“十四五”智能制造发展规划》亦明确指出:“智能制造是制造强国建设的主攻方向,其发展程度直接关乎我国制造业质量水平。”

随着中国制造业的发展,中国机器人行业日益壮大,同时对于机器人维护保养人才的需求缺口同样巨大。工业机器人维护保养的目的是减少机器人的故障率和停机时间,最大限度地提高生产效率,减少因机器人故障、停机造成的损失。因此,工业机器人维护保养在企业生产中尤为重要,将直接影响工业机器人及系统的寿命。工业机器人维护保养是一个新型的技术工种,不仅要求从业者掌握工业机器人技术基本理论,还要求掌握工业机器人安装、调试、维护、维修等技能。

“工业机器人维护与保养”是工业机器人技术应用专业的一门专业核心课程。其功能是使学生掌握工业机器人工作过程中常见故障维护、保养等方面的基础知识和基本技能,具备从事工业机器人应用相关职业能力。它是“工业机器人操作与编程”“工业机器人安装与调试”等专业核心课程的后续课程。

本书结合工业机器人维护与维修岗位要求,针对工业机器人维护保养中的典型工作任务,将实际生产中与维护与保养相关的知识点和技能点融入项目任务中。在编写过程中,教学内容安排由浅入深,贯彻“做中学,学中做”的教学理念,注重培养学生综合职业能力,注重任务实施,方便开展教学。本书主要特点如下:

①对接工业机器人维护与保养岗位标准,校企合作开发,同时采用项目任务式的编写体例,以满足一体化教学的需要,并以实际工作任务为载体,由浅至深设计学习情景。全书共五个项目,取材合理,深浅适度,符合职业院校学生的实际水平。

②依据《工业机器人系统运维员国家职业技能标准》,将工业机器人系统运维员职业技能等级认定和全国技能大赛工业机器人系统运维项目的相关内容有机融入教材,实现“岗课赛证”融通。

③对接课程评价过程考核改革机制，以典型工作任务为载体，在学中做，在做中学，采用融“教、学、做”一体化的教学模式，项目体例结构设计了项目评价环节，从知识、技能和素养三个方面对学习过程进行综合评价。

④对接科技发展与教育数字化技术推广，配套开发了与教材配套的课程资源，包括课件、视频、习题等，从而有利于建立“互联网+”翻转课堂混合式教学课堂，以方便学生主动、灵活地学习。

⑤落实立德树人根本任务，每个项目最后都有“拓展阅读”，体现思政元素，以利于学生树立正确的世界观、人生观、价值观，提高学生的职业素养和综合素质。

本书由上海信息技术学校教师和上海新时达机器人有限公司工程师共同编写。具体编写分工为：上海信息技术学校杨利静、上海新时达机器人有限公司孙国强任主编，上海信息技术学校唐江微、北京华航唯实机器人科技股份有限公司上海分公司顾凯、上海科技管理学校吴海疆、上海工商信息学校张怡和唐淼焱、上海市西南工程学校李烁琛参与了本书的编写。上海市智能机器人职业教育集团王珺萩主审。在编写过程中，编者还参阅了部分教材、文献和手册资料，在此向所有相关作者表示诚挚的感谢。

由于编者水平有限，书中难免存在疏漏与不妥之处，敬请广大读者批评指正。

编　者

2024 年 12 月

目　录

项目一 工业机器人现场环境认知

项目导入

工业机器人是一种能自动控制,可重复编程,多功能、多自由度的设备,具有动作范围大、运动力度大等特点,在操作时具有一定的危险性。某企业入职若干工业机器人操作员,因工作地点是生产现场,所以需要对他们进行工业机器人现场环境认知培训,帮助他们了解工业机器人安全作业注意事项。

知识导图

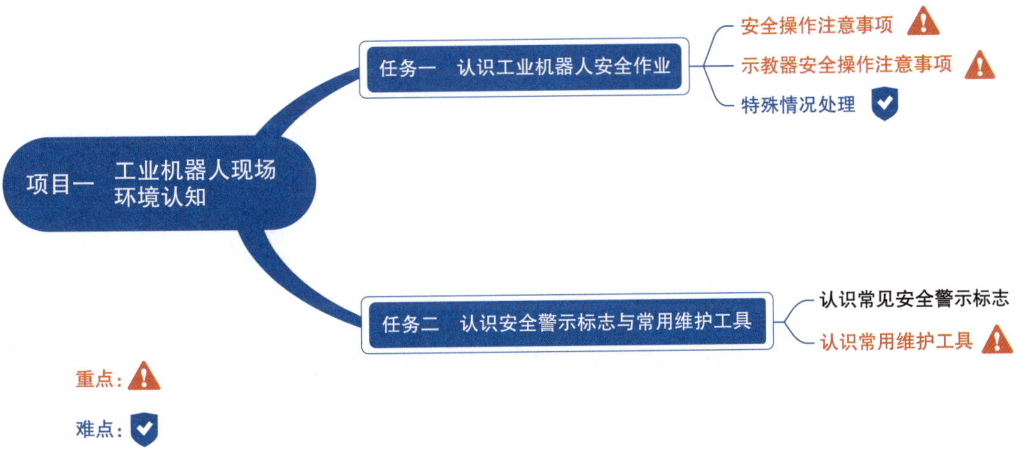

任务一 认识工业机器人安全作业

情景导入

某日5时29分,某冶炼厂熔铸工序307班锌锭码垛作业线机械臂主操手(小组长)金某在自动码锭机组未停机情况下,从未关闭的隔离栏安全门进入自动码锭机作业区域,在机械臂作业半径内进行场地卫生清扫。

5时30分,金某行走至码锭机取锭位置与机械臂区间时,因顶锭装置接收到水冷链条传输过来的锌锭,信号传输至机械臂,机械臂自动旋转取锭,瞬间将金某推倒在顶锭装置上,锌锭抓取夹具挤压在金某左部胸腔。锌锭打包工张某立即启动急停开关，并呼叫附近人员一起实施救援，副厂长王某听到呼叫声，立即赶到现场参与救援。王某、张某等人通过手动控制将顶锭装置降落复位，并将金某身下压覆的锌锭取出，以增大活动空间，但仍无法救出，后使用撬棍抬升机械臂等方式，均未能将金某救出。

视频
工业机器人安全事故

熔铸工序307班班长杨某赶到现场后，组织人员拆卸机械臂地脚螺栓，用电动单梁吊吊起机械臂，于5时48分将金某救出，6时05分“120”救护人员赶到现场实施抢救，后送往医院救治，金某经抢救无效死亡。

在企业生产线上，各种自动化的工业机器人越来越常见，因此各种以前不会发生的错误或状态也时有发生。那么，相关从业人员的岗前培训、设备操作守则的学习与遵守越来越重要。一线操作工人更应清楚地了解工业机器人操作前、操作中和操作完成后的注意事项，重视工业机器人安全作业。

学习目标

一、知识目标

①掌握工业机器人安全操作注意事项。

②熟悉示教器安全操作注意事项。

二、能力目标

①能遵守工业机器人安全注意事项。

②能评估和管理操作过程中的潜在风险。

③会进行特殊情况处理。

三、素养目标

①强化安全意识提升安全素养。

②提高对安全操作的警觉性和责任感。

任务描述

仔细阅读产品手册，了解工业机器人在操作前、操作中、操作完成后以及特殊情况处理等方面的安全作业注意事项。了解不同运动模式下的操作提示，能够在紧急情况下做出正确的处理。在熟练掌握设备知识、安全信息以及注意事项后，再进行工业机器人的操作。

核心知识

一、安全操作注意事项

在进行工业机器人操作之前，必须仔细阅读产品手册，操作人员务必了解以下与安全方面有关的具体标志说明（见图1-1-1、图1-1-2、图1-1-3），并严格遵守。

视频

工业机器人安全作业认知

危险

◎ 工业机器人电气或机械方面的调试、维修等工作只允许由专业的人员进行，所有在机器人上工作的人员均必须接受过机器人使用培训。

◎ 错误的安装（例如超载）或机械性损坏（例如制动闸故障）会导致机器人或附加轴向下沉降。如在已关断的机器人系统上作业，则须先将机器人及附加轴行驶至一个无论在有负载或无负载情况下，都不会自行运动的状态。若无这种可能，则必须对机器人及附加轴做相应的安全防护。

◎ 在维修时，尤其是进行更换电动机、驱动器、本体电池等操作后，机器人必须重新执行回零操作方可自动运行程序，否则可能发生意外。

图 1-1-1　危险标志说明

注意

◎ 请注意机器人本体的旋转轴。请与旋转轴保持距离，以防止头发或衣服被缠绕。同时，请当心机器人上或单元内安装的旋转工具或其他装置可能引起的任何危险。

◎ 在任何情况下，切勿站在机器人任何轴的下方。

◎ 进行工业机器人电气或机械方面的调试、维修等工作只允许由专业的人员进行，所有在机器人上工作的人员均必须阅读并理解机器人系统安全内容的说明。

◎ 如果在控制系统断电停止运行后立即进行拆卸等操作，必须配戴防护手套，以免散热器表面或电动机温度过高引起烫伤。

◎ 在进行本体电池更换操作时，要注意电池的正负极，防止短路情况的发生。

图 1-1-2　注意标志说明

重要

◎ 必须按照操作指南进行维护和保养工作（参见本书后续内容），且在操作前须仔细阅读相关说明，此过程一般由专业人员操作。

◎ 紧急停止按钮为紧急情况下使用的安全器件，严禁无目的的频繁使用，这会影响机器人相关器件的使用寿命（电机抱闸等）尤其禁止在机器人高速运行过程中，随意反复操作急停按钮。

◎ 在维修时，门禁开关允许临时短接，但此时严禁在控制系统带电部件上作业，以免发生意外。

图 1-1-3　重要标志说明

危险标志所述事项，错误使用时，会引起危险，可能导致人身伤亡。注意标志所述事项，错误使用时，会引起危险，可能导致人身轻度或重度伤害和设备损坏。重要标志所述事项，是用户需要遵守和重点注意的部分。

1. 操作前安全作业注意事项

视频 操作前安全作业注意事项

①正确穿戴作业服以及安全防护装备。

②在进行机器人的安装、维修和保养时切记要将总电源关闭，带电作业可能会产生致命性后果。

③确保机器人固定于底座后，检查电控柜，本体的电缆是否完好。

④确保在机器人的运动范围以内没有人员。

⑤确保电控柜和本体上的急停安全有效。

⑥在运行作业程序之前，须知道机器人根据所编程序将要执行的全部任务。

⑦操作人员应了解工业机器人的本体负荷参数，必须控制在允许搬运重量以内。

2. 操作中安全作业注意事项

视频 操作中安全作业注意事项

①开启设备电源前，必须确认机器人的工作范围内没有任何人员。

②必须在切断电源后，操作人员才可进入机器人的工作范围内进行作业。

③应对每个轴进行试运行查看是否有异常，并且确保机器人能够准确回零。

④运动中的停顿或停止都会产生危险，即使可以预测机器人的运动轨迹。由于外部信号有可能改变操作，即会在没有任何警告的情况下，产生预想不到的运动。因此，禁止任何人员进入正在运行的机器人运动范围。

⑤在调试与运行机器人时，机器人可能会执行一些意外的或不规范的运动，并且，所有的运动都会产生很大的力量，从而严重伤害个人或损坏机器人工作范围内的任何设备。因此，时刻警惕与机器人保持足够的安全距离非常重要。

⑥调试人员进入机器人工作区域时，需随身携带示教器，以防止他人误操作。

⑦在进行检修、维修、保养等作业时，若必须在通电状态下进行，应两人一组进行作业。一人保持可立即按下紧急停止按钮的姿势，另一人则在机器人的动作范围内，时刻保持警惕并迅速地进行作业。

3. 操作完成后安全作业注意事项

视频 操作完成后安全作业注意事项

①应将夹具上任何工件全部取下，防止后期掉落伤到他人或损坏设备。

②应将示教器挂到专门存储它的支架上，以防止意外掉到地上使示教器受到损坏。

③禁止用力摇晃机械臂及机械臂上悬挂的其他重物。

④如遇到其他问题可联系销售，将现场照片、故障位置等反馈给厂家。

二、示教器安全操作注意事项

视频 示教器安全操作注意事项

示教器即“示教编程器”，不同品牌机器人的示教器叫法有所差异。FlexPendant（见图1-1-4）为ABB机器人示教器的一种，是一种高品质的手持式终端，它配备了一流的高灵敏度电子设备。为避免操作不当而引起故障或损坏，在操作时应遵循以下说明：

①小心操作。不要摔打、抛掷或重击示教器，这样会导致其破损或故障。

②在使用示教器时，应避免被人踩踏线缆。

③切勿使用锋利的物体（例如螺丝刀或笔尖）操作触摸屏，这样可能会使触摸屏受损，应用手指或触摸笔来操作示教器触摸屏。

④定期清洁触摸屏。灰尘可能会挡住屏幕造成故障。

⑤切勿使用溶剂、洗涤剂或擦洗海绵清洁示教器。应使用软布蘸少量水或中性清洁剂清洁。

⑥没有连接 USB 设备时，务必盖上 USB 端口的保护盖。如果端口暴露在灰尘中，会造成中断或发生故障。

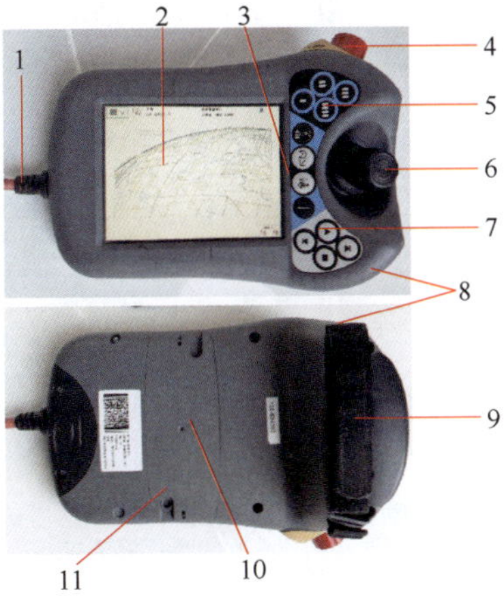

1—示教器线缆；2—触摸屏；3—机器人手动运行的快捷按钮；4—紧急停止按钮；5—可编程按键；6—手动操纵杆；7—程序调试控制按钮；8—数据备份用 USB 接口；9—使能器按钮；10—示教器复位按钮；11—触摸屏用笔。

图 1-1-4 工业机器人示教器结构

三、特殊情况处理

1. 紧急停止

紧急停止优先于任何其他机器人控制操作，它会断开机器人电动机的驱动电源、停止所有运转部件、切断由机器人系统控制且存在潜在危险的功能部件的电源。出现下列情况时请立即按下任意紧急停止按钮：

视 频

特殊情况处理

①机器人运行中，工作区域内有工作人员。

②机器人伤害了工作人员或损伤了机器设备。

2. 灭火

发生火灾时，应将人员安全放在首位，确保全体人员安全撤离后再采取灭火等措施。在确保人员安全的前提下，根据火灾类型选择合适的灭火器材进行灭火。当电气设备（例如工业机器人本体或控制柜）起火时，应使用二氧化碳灭火器，切勿使用水或泡沫灭火器。

如有人员受伤，应首先处理受伤人员。在灭火行动展开前，优先对受伤人员进行现场急救，根据伤情进行止血、包扎、固定等处理措施。对于重伤员，要及时联系医疗机构，安排救护车将其转运至医院进行进一步治疗。在转运过程中，要密切观察伤员的生命体征，确保转运安全。

学习笔记

任务实施

模拟企业真实工作场景,3 名同学为一组,2 名同学根据上述安全作业注意事项操作工业机器人,另外 1 名同学进行监督和评分,并详细记录工业机器人安全作业记录单(见表 1-1-1)。

表 1-1-1　工业机器人安全作业记录单

记录人员:　　　　　　　　操作人员:　　　　　　　　日期:

序号	工作内容	关键流程	任务结果	出现的问题、原因	解决办法
1	安全操作注意事项	①正确穿戴作业服以及安全防护装备	□完成 □未完成		
		②在进行机器人安装、维修和保养时将总电源关闭	□完成 □未完成		
		③开启设备电源前,检查机器人的运动范围以内是否有人	□完成 □未完成		
		④检查电控柜和本体上的急停开关	□完成 □未完成		
		⑤在运行作业程序之前,知晓机器人将要执行的全部任务	□完成 □未完成		
		⑥切断电源后,进入机器人工作范围内进行作业	□完成 □未完成		
		⑦对每个轴进行试运行查看是否有异常	□完成 □未完成		
		⑧检查机器人是否能够准确回零	□完成 □未完成		
		⑨在调试与运行机器人时,与机器人保持足够的安全距离	□完成 □未完成		
		⑩调试人员进入机器人工作区域时,随身携带示教器	□完成 □未完成		
		⑪工作结束后将夹具上的工件全部取下	□完成 □未完成		
2	示教器安全操作注意事项	①用手指或触摸笔来操作示教器触摸屏	□完成 □未完成		
		②定期清洁触摸屏	□完成 □未完成		
		③使用软布蘸少量水或中性清洁剂清洁示教器	□完成 □未完成		
		④没有连接 USB 设备时,盖上 USB 端口的保护盖	□完成 □未完成		
		⑤不踩踏示教器线缆	□完成 □未完成		
3	特殊情况处理	①出现紧急情况时,会立即按下紧急停止按钮	□完成 □未完成		
		②发生火灾时,使用二氧化碳灭火器,切勿使用水或泡沫灭火器	□完成 □未完成		

任务评价

任务评价见表1-1-2。

表1-1-2　任务评价表

序号	评价内容	评价标准	分数	评分记录		
				学生自评	组间互评	教师评分
1	安全操作注意事项	能够按照安全操作注意事项所述各项内容完成任务,共11项,每错一处扣4分,扣完为止	40			
2	示教器安全操作注意事项	能够按照示教器安全操作注意事项所述各项内容完成任务,共5项,每错一处扣4分,扣完为止	20			
3	特殊情况处理	在特殊情况下能够及时正确处理,共2项,未正确处理一次扣10分	20			
4	安全生产	①劳动保护用品穿戴不整齐,扣2.5分。 ②操作中,未遵守操作规程,违反安全文明生产中设备操作、设备调试、用电安全知识,扣5分。 ③操作结束未清理现场,扣2.5分	10			
5	学生考勤情况	无迟到、早退、旷课	5			
6	工作态度	态度认真、团队合作、任务完成质量良好(字迹工整、计算正确)	5			
总分			100			

巩固练习

一、选择题

1. 在以下(　　)情况下使用工业机器人一般不会导致其系统的破坏。
   A. 有爆炸可能的环境　　B. 燃烧的环境
   C. 干燥的环境中　　D. 电子噪声污染严重的环境
2. 当工业机器人系统或其他电气设备起火时,应采用(　　)。
   A. 二氧化碳灭火器　　B. 泡沫灭火器
   C. 高压水　　D. 土或砂石

二、填空题

1. 在进行机器人的________、________和________时切记要将总电源关闭。
2. 在操作前,要确保________和________的急停安全有效。
3. 切勿使用________、________或________清洁示教器。

三、简答题

1. 当发生火灾时,应如何处理?
2. 请简述操作中安全作业注意事项。
3. 请简述操作完成后安全作业注意事项。

任务二　认识安全警示标志与常用维护工具

情景导入

在工业机器人电动机、本体、盖板或平衡缸上会出现这样的一个安全警示标志：禁止踩踏标志（见图1-2-1）。

图1-2-1　禁止踩踏标志

当出现这个标志时，我们需要注意千万不要将脚放在机器人上或爬到其上面。这样不仅会给机器人造成不良影响，而且还有可能因为作业人员踩空而受伤。安全警示标志提醒我们需要注意哪些事项？又有什么含义呢？

学习目标

一、知识目标

①掌握工业机器人相关安全警示标志的含义。

②熟悉常用维护工具的用途和使用方法。

二、能力目标

①能识别不同的安全警示标志。

②会使用常用维护工具。

三、素养目标

①了解工业机器人操作中的潜在危险，能够正确识别并遵守安全规定，具备安全意识。

②提高对新技术、新工具和新安全规范的学习能力，以适应不断变化的工业环境和技术进步。

任务描述

通过学习工业机器人安全警示标志以及维护与保养工业机器人常用工具等知识，在操作工业机器人之前掌握相关准备工作，做好规范操作。

核心知识

一、认识常见安全警示标志

动画

安全警示标志

安全警示标志是一种按照国家标准或者社会公认的图案、标志组成的统一标识，具有特定的含义，以告诫、提示人们对某些不安全因素应高度注意和警惕，是一种消除可以预料到的风险或把风险降低到人体和机器可接受范围内的常用方式。常见安全警示标志见表 1-2-1。

安全警示标志设在与安全有关的醒目地方，并使大家看见后，有足够的时间来注意它所表示的内容。

表 1-2-1 常见安全警示标志

标 志	含 义	说 明
	危险	如果不依照说明操作，就会发生事故，并导致严重或致命的人员伤害和严重的产品损坏
	注意安全	如果不依照说明操作，可能会发生事故，造成严重的伤害（可能致命）或重大的产品损坏
	小心	如果不依照说明操作，可能会发生能造成伤害或产品损坏的事故
	当心触电	针对可能会导致严重的人身伤害或死亡的电气危险的警告
	静电放电（ESD）	针对可能会导致严重产品损坏的电气危险的警告
	注意	描述重要的事实和条件。请一定要重视相关的说明
	提示	描述从何处查找附加信息或如何以更简单的方式进行操作
	请参阅用户文档	请阅读用户文档，了解详细信息

续表

标　志	含　义	说　明
	使用手柄关闭	使用控制柜上的电源开关
	机器人提升	用于对机器人的提升和搬运提示
	机械限位	起到定位作用或限位作用
	无机械限位	表示没有机械限位
	阅读手册标签	请阅读用户手册，了解详细信息
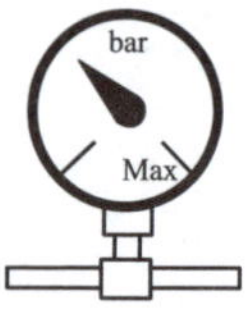	压力	警告此部件承受了压力。通常另外印有文字，标明压力大小
	制动闸释放	对于小型工业机器人，按此按钮将会释放制动闸，这意味着工业机器人本地部分关节轴及部件可能会掉落
	禁止踩踏	警告如果踩踏这些部件，可能会造成设备损坏
	危险提示	机器人工作时，禁止进入机器人工作范围
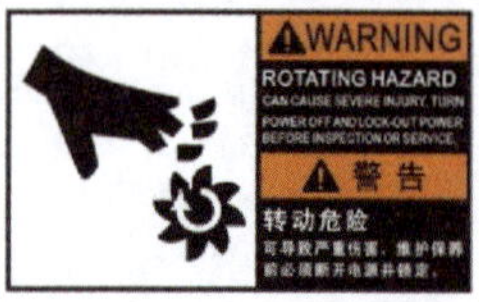	转动危险提示	提示转动设备会带来危险，可导致严重伤害，维护保养前必须断开电源并锁定

续表

标　　志	含　　义	说　　明
	叶轮危险提示	提示叶轮危险,检修前必须断电
	螺旋危险提示	提示螺旋危险,检修前必须断电
	挤压危险	可能造成人员挤压伤害风险
	高温	存在可能导致灼伤的高温风险
	移动危险	工业机器人可能会意外移动,发生危险
	润滑油	润滑油注油口

注:1. 相关内容参照《安全标志及其使用导则》(GB 2894—2008)和 ABB 工业机器人《操作员手册》,当二者发生冲突时,以国标为准。

2. 不同品牌的工业机器人其安全警示标志可能会有差异,但含义基本相同。

动　画

认识常用维护工具

二、认识常用维护工具

常用维护工具见表 1-2-2。

表 1-2-2　常用维护工具

工具图样	名　　称	说　　明
	内六角扳手	主要用来拆装内六角螺钉,通过扳手手柄可以施加对螺钉的扭矩作用力,大大降低了使用者的用力强度

续表

工具图样	名　称	说　明
	梅花内六角扳手	主要用来拆装梅花形的螺钉。例如可以使用梅花形扳手打开控制柜计算机单元盖板
	尖嘴钳	主要用来剪切线径较细的单股与多股线，以及给单股导线接头弯圈、剥塑料绝缘层等
	斜口钳	主要用来剪断塑料或金属的连接部位
	小型螺丝刀	主要用于拆装小型电气部件上的螺钉
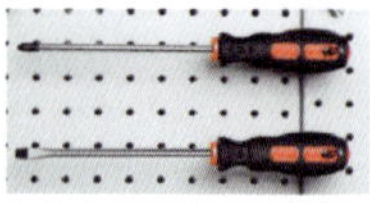	大型螺丝刀	主要用来拆装工业机器人及控制柜中的螺钉
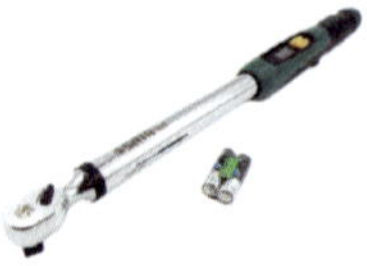	扭矩扳手	使用扭矩扳手可以允许操作员施加特定扭矩值
	活扳手	其开口宽度可在一定范围内调节，是用来紧固和起松不同规格的螺母和螺栓的一种工具。不但可用于标准的公制螺栓和英制螺栓，还可用于某些自制的非标准螺栓
	呆扳手	用来拧紧或旋松不同规格的螺母和螺栓的一种工具，但只可用于标准的公制螺栓和英制螺栓
	套筒扳手	套筒扳手是拆卸螺栓最方便、灵活且安全的工具。使用套筒扳手不易损坏螺母的棱角

续表

工具图样	名　称	说　明
	橡胶锤	橡胶具有一定的弹性，使用橡胶锤可以柔和地敲击工件，减少对工件的损伤
	压线钳	主要用于各种绝缘连接头以及压线等模块，可以有效保持压线处于标准状态
	剥线钳	可轻易剥离绝缘皮而不伤内线
	万用表	一种多用途电子测量仪器，可以测量交、直流电流、电压及电阻等多种电学参量的仪表
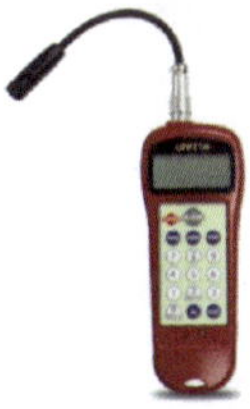	张力计	主要用于同步带张紧后张力数据检测
	卷尺	主要用于测量工艺单元模块在工作站台面上的安装位置
	游标卡尺	用于测量长度、内外径、深度的量具，可以对未知的安装孔位大小进行测量，以便选用合适尺寸的紧固件
	线号打印机	主要用于在 PVC 套管、热缩管、不干胶标签等材料上打印字符
	水平尺	利用液面水平的原理，以水准泡直接显示角位移，测量被测表面相对水平位置、铅垂位置、倾斜位置偏离程度的一种计量器具。主要用于平整度、倾斜度、水平度、垂直度的测量

任务实施

模拟企业真实工作场景，3 名同学为一组，1 名同学拿着安全警示标志或者工具图样提问，1 名同学回答，剩下 1 名同学进行监督和评分，并详细记录到安全警示标志与常用维护工具对照检查记录单（见表 1-2-3）。

表 1-2-3　安全警示标志与常用维护工具对照检查记录单

记录人员：　　　　　　　　　　提问人员：　　　　　　　　　　回答人员：

<table>
<tr><th>序　号</th><th>内　容</th><th>图　样</th><th>名称及作用</th></tr>
<tr><td rowspan="9">1</td><td rowspan="9">安全警示标志</td><td></td><td></td></tr>
<tr><td></td><td></td></tr>
<tr><td></td><td></td></tr>
<tr><td></td><td></td></tr>
<tr><td></td><td></td></tr>
<tr><td></td><td></td></tr>
<tr><td></td><td></td></tr>
<tr><td></td><td></td></tr>
<tr><td></td><td></td></tr>
</table>

续表

序　　号	内　　容	图　　样	名称及作用
1	安全警示标志		
2	常用维护工具		

续表

序　号	内　容	图　样	名称及作用
2	常用维护工具		

任务评价

任务评价见表 1-2-4。

表 1-2-4　任务评价表

序号	评价内容	评价标准	分数	评分记录		
				学生自评	组间互评	教师评分
1	常见安全警示标志	①正确说出安全警示标识名称，共 10 项，每错一处扣 2 分。 ②正确说出安全警示标识对应含义，共 10 项，每错一处扣 2 分	40			
2	常用维护工具	①正确说出工具名称，共 10 项，每错一处扣 2 分。 ②正确说出工具对应用途，共 10 项，每错一处扣 2 分	40			
3	安全生产	①劳动保护用品穿戴不整齐，扣 2.5 分。 ②操作中，未遵守操作规程，违反安全文明生产中设备操作、设备调试、用电安全知识，扣 5 分。 ③操作结束未清理现场，扣 2.5 分	10			
4	学生考勤情况	无迟到、早退、旷课	5			
5	工作态度	态度认真、团队合作、任务完成质量良好（字迹工整）	5			
总分			100			

巩固练习

一、选择题

1. 下列工具中，(　　)既可以作为安装工具，又可以对紧固件的扭矩/扭力值进行测量和设定。

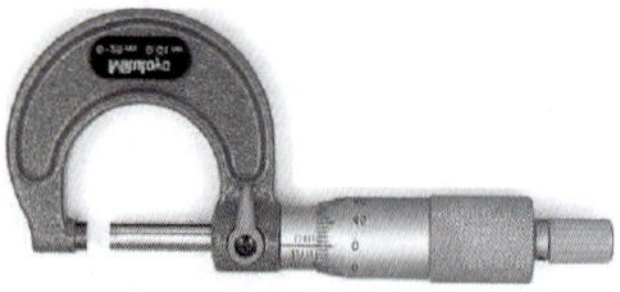

A

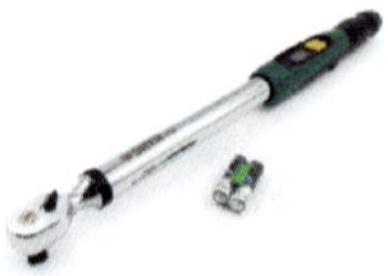

B

C

D

2. 水平尺不能用于(　　)的测量。

A. 平整度　　B. 水平度　　C. 光滑度　　D. 垂直度

二、填空题

1. 按工业机器人上的制动闸释放按钮,工业机器人本地部分__________及__________可能会掉落。

2. 机器人工作时,禁止进入机器人__________。

3. 线号打印机主要用于在__________、__________、__________等材料上打印字符。

三、简答题

说一说常用安全警示标志有哪些,以及它们的含义。

拓展阅读

"大国工匠"徐小平:"汽车心脏"的守护者

徐小平,一个在技术领域中不断攀登高峰的名字,以其卓越的创新能力和坚韧不拔的精神,在上海大众发动机厂乃至整个行业内留下了深刻的印记。面对进口离心过滤机的技术封锁,他凭借过人的智慧和不懈的努力,仅花费备件费用就成功修复了设备,这一壮举不仅打破了外方的技术垄断,更激发了团队的技术创新热情。

徐小平深知,技术封锁虽艰难,却也是锻炼团队的绝佳机会。他带领团队迎难而上,近年来完成了多达185项技术革新项目,这些项目不仅为企业创造了高达1.35亿元的直接经济效益,还推动了行业标准的完善,累计编制了206项维修标准规范。在专利方面,徐小平团队更是成绩斐然,累计申报并获得了多项国家及国际专利,其中"静压支承次级压力全方位监控技术"更是获得了国际认可,彰显了中国技术创新的实力。

徐小平的个人成长故事同样令人钦佩。初入上海大众时,有一次修理一台轴承出问题的六轴工业机器人,徐小平发现只需替换一个零部件即可,但该部件同轴度必须达到2 μm。他找遍了国内制造企业,最好的也只能做到5 μm,无奈之下找了德国企业。面对语言不通的困境,他毅然决定自学德语,从一个零基础的高中文化技术工人,逐步成长为能与德国同行流畅交流的专家。这一过程中,他不仅克服了语言障碍,更在技术创新上实现了自我超越,自主发明的"激光可视对焦技术"和"电子主轴的自主修理"技术,均达到了国际领先水平。

作为"徐小平劳模创新工作室"的领军人物,徐小平不仅注重个人技术的提升,更致力于团队建设和人才培养。他创新提出的"X+1=TEAM"人才培养模式,有效促进了团队成员的全面发展,使工作室成为了技术创新的摇篮。在他的带领下,工作室荣获了"全国示范性劳模创新工作室"的荣誉称号,为行业树立了标杆。

徐小平的成就离不开他对梦想的执着追求和对技术的无限热爱。他常说:"人一定要有梦想,有梦想就有追梦的动力。"正是这种信念支撑着他不断前行,在技术创新的道路上越走越远。展望未来,徐小平和他的团队将继续致力于实现百分之百的预防维修目标,为实现设备零故障、零维修的终极梦想而不懈努力。

项目二

工业机器人控制柜维护与保养

项目导入

本项目以 ABB 工业机器人控制柜（见图 2-0-1）为载体，通过对控制柜的认识、常规检查、测量以及电气元器件保养更换、控制柜常见故障与排除来详细讲解工业机器人控制柜的维护与保养工作相关的知识点，使学生加强对工业机器人控制柜维护与保养的认识，并掌握工业机器人控制柜维护与保养的步骤与方法。

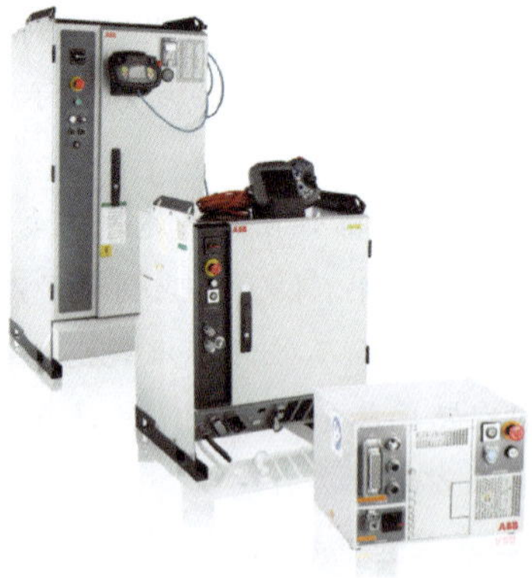

图 2-0-1　ABB 工业机器人控制柜

知识导图

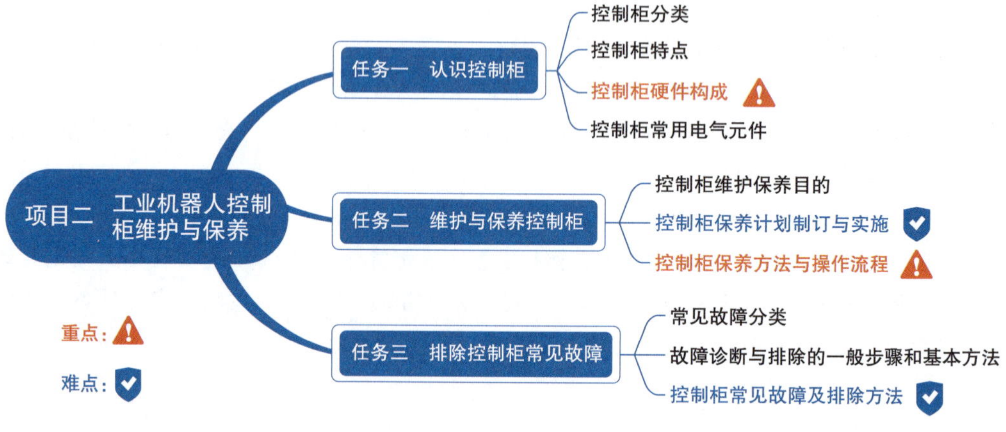

任务一　认识控制柜

情景导入

随着汽车工业的发展，焊接生产线要求焊钳一体化，汽车生产企业往往采用焊接机器人完成这项工作。工业机器人的控制柜在周期维护保养和故障检测排除过程中，都涉及对控制柜各个功能模块的例行检查和故障模块更换，而这首先需要了解控制柜的构成，掌握控制柜每个模块的功能及作用。

学习目标

一、知识目标

①了解工业机器人控制柜的分类。

②熟悉工业机器人控制柜的特点。

③掌握工业机器人控制柜的硬件构成。

④掌握工业机器人控制柜上的常用电气元件。

二、能力目标

①能说出控制柜中每个模块的名称。

②能描述控制柜中每个模块的功能。

三、素养目标

①养成认真负责的职业素养。

②锻炼团队协作和沟通能力，能够与团队成员有效配合，共同解决遇到的问题，提升学习效率和质量。

任务描述

本任务主要以 ABB 工业机器人 IRC5 标准型控制柜为例，解析工业机器人控制柜的特点和组成，通过阅读本任务相关知识内容，并通过拓展学习的方式查阅相关资料，了解控制柜上的按钮、接线端口与内部模块的名称和作用，并说出控制柜中每个模块名称及功能。

核心知识

一、控制柜分类

视频

控制柜分类

工业机器人系统主要由机器人本体、控制柜、示教器等组成，如图 2-1-1 所示。

（a）机器人本体　　（b）控制柜　　（c）示教器

图 2-1-1　机器人系统构成

在工业机器人系统中控制柜是很重要的设备，用于安装各种控制单元，进行数据处理及存储和执行程序，是工业机器人系统的大脑。根据被控制设备的多少、大小来选择不同的电气元件，安装在一个防潮、防锈、防尘、隔热，又可以移动的柜子中。

工业机器人控制柜是工业机器人的控制中枢，按照柜型可分为四类（见图 2-1-2）：双柜型、单柜型（又称标准型控制柜，如图 2-1-3 所示）、面板嵌入型、紧凑型控制柜。一般地，ABB 工业机器人中大型机器人（10 kg 以上）使用标准控制柜，小型机器人（10 kg 及以下）可以使用紧凑型控制柜。紧凑型控制柜是相对于标准型控制柜而言，它的操作面板采用精简设计，完成了线缆接口的改良，增强了使用的便利性和操作的直观性。虽然机身小巧，但其卓越的运动控制性能毫不亚于标准控制柜。标准型控制柜的防护等级为 IP54，而紧凑型控制柜的防护等级为 IP30，所以有时候会根据使用现场环境防护等级的要求选择标准型或紧凑型控制柜。

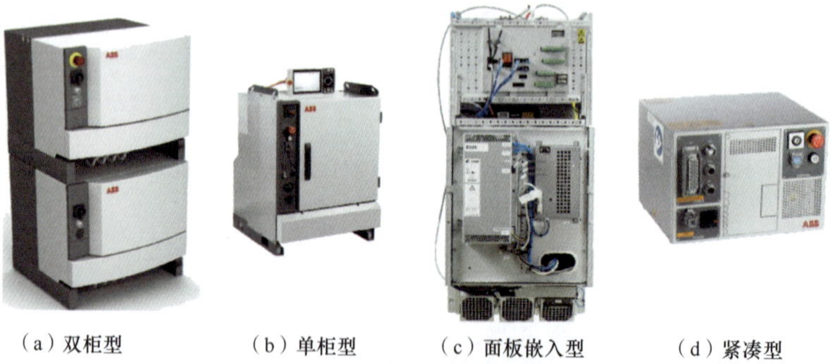

（a）双柜型　　（b）单柜型　　（c）面板嵌入型　　（d）紧凑型

图 2-1-2　控制柜分类

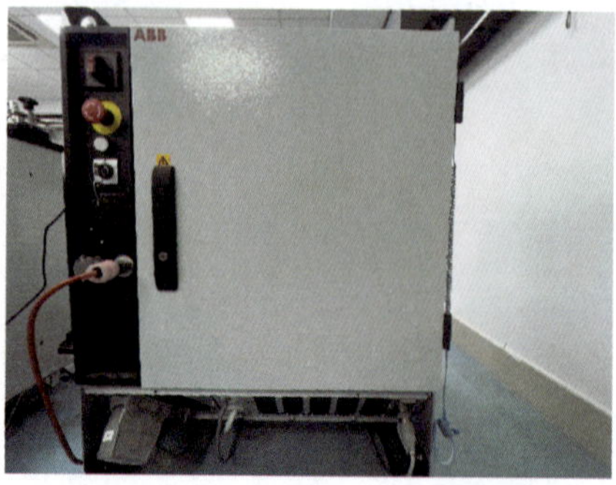

图 2-1-3　单柜型控制柜（又称标准型控制柜）

在本任务中，将以 ABB 工业机器人 IRC5 标准型和紧凑型控制柜的模块构成进行说明，为下一步模块的故障诊断与排除打好基础。

二、控制柜特点

IRC5 标准型控制柜有以下特点：

①工业机器人控制柜的要求是保证安全，一般会应用电子限位开关和 SafeMove TM 技术，使其在兼顾安全性和灵活性的同时缩小了占地面积，同时在人机协作方面也有很好的表现。

②控制柜进行控制时高速精准，能够提升工业机器人执行任务的效率。工业机器人控制柜以先进动态建模技术为基础，可对机器人性能实现自动优化。通过 QuickMove TM 和 TrueMove TM 技术能够缩短节拍时间并提高路径精度。IRC5 使用的技术可以使机器人动作具有预见性，增强了运行性能。一般工业机器人控制柜的控制精度可达 0.01 mm。

③控制柜的防护等级可达 IP67（对液态和固态微颗粒的防护能力），可在比较恶劣的工作环境和高负荷高频率的节拍下工作。控制柜具有主动安全和被动安全功能，可最大化地保证操作人员、机器人和其他财产的安全。

④控制柜能够兼容各种规格电源电压，广泛适应各类环境条件。可以与其他生产设备实现互联互通，支持大部分主流工业网络，可形成强大的联网能力。控制柜通过远程监测技术可实现远程服务，能迅速完成故障检测，并提供机器人状态实时监测数据，从而显著提高生产效率。

三、控制柜硬件构成

1. IRC5 标准型控制柜的系统构成

IRC5 标准型控制柜是 ABB 第五代机器人控制柜，其系统构成一般包括主计算机、伺服驱动模块、轴计算机、安全面板、系统电源、电源分配模块、I/O 电源模块、电容、接触器接口板、I/O 模块等，如图 2-1-4 所示。

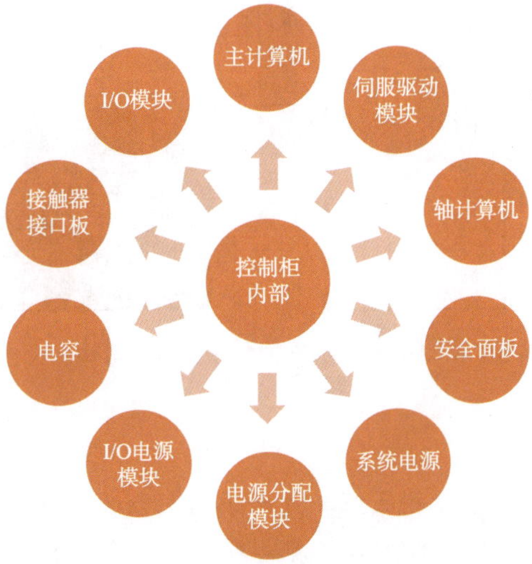

图 2-1-4　IRC5 标准型控制柜的系统构成

动 画
工业机器人控制柜的构成

控制柜分为控制模块和驱动模块，采用高防护等级设计，具备全面升级扩展能力。一个系统最多包含 36 个驱动单元（最多 4 台机器人），一个驱动模块最多包含 9 个驱动单元，可处理 6 个内轴及 2 个普通轴或附加轴(取决于机器人型号)。IRC5 单柜型控制柜的参数,如图 2-1-5 所示。

IRC5 单柜型控制器	
尺寸	(高×宽×深,质量):
单柜型	970 mm×725 mm×710 mm,150 kg
MultiMove 传动模块	720 mm×725 mm×710 mm,130 kg
电气连接	电源电压:三相 200~600 V,50~60 Hz
防护等级	IP54(冷却管道 IP33)
环境参数	环境温度:0~45 ℃,可选 0~52 ℃ 相对湿度:最高 95%(无凝露)
扩展安全选项	电子限位开关: 5 路安全输出(1~7 轴监测)
SafeMove	静态、速度、位置、方向监测(机器人及附加轴): 8 路功能启动安全输入、8 路监测输出

图 2-1-5 IRC5 单柜型控制柜的参数

2. IRC5 标准型控制柜的硬件构成

IRC5 标准型控制柜的外部按钮和端口如图 2-1-6 所示。

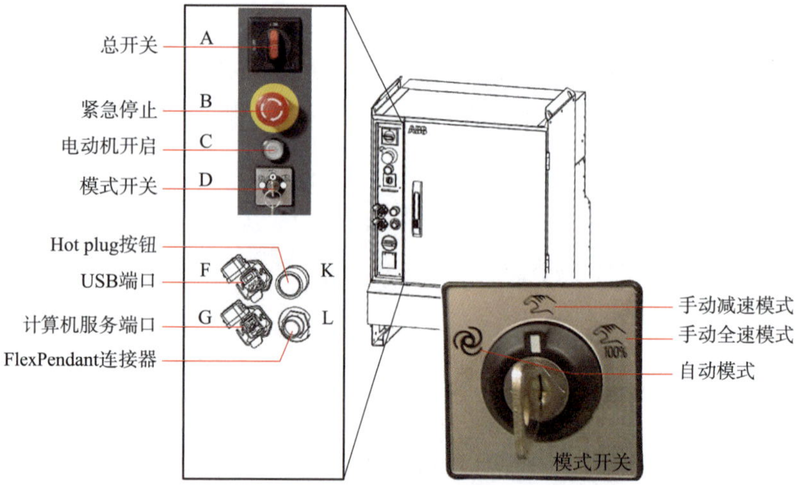

图 2-1-6 IRC5 标准型控制柜的外部按钮和端口

小知识:

Hot plug 按钮可以:①在自动模式下断开示教器同系统的连接,可以在没有示教器连接的情况下运行系统。②在不干扰系统运行着的应用程序情况下临时连接并操作示教器。

警告:按下 Hot plug 按钮将禁用示教器上的紧急停止按钮。

打开 IRC5 标准型控制柜柜门,其内部模块构成如图 2-1-7 所示。

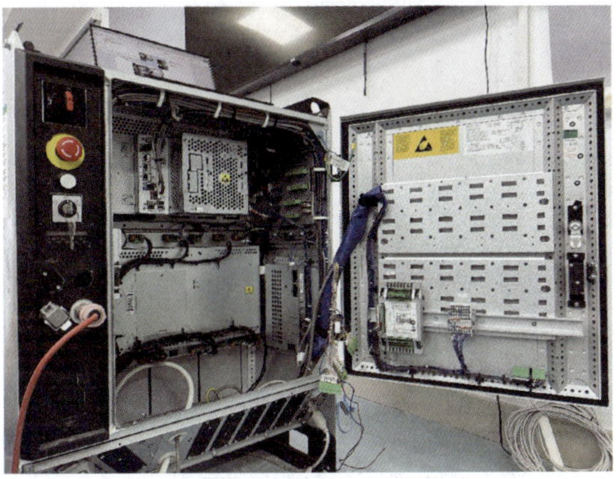

（a）实物图

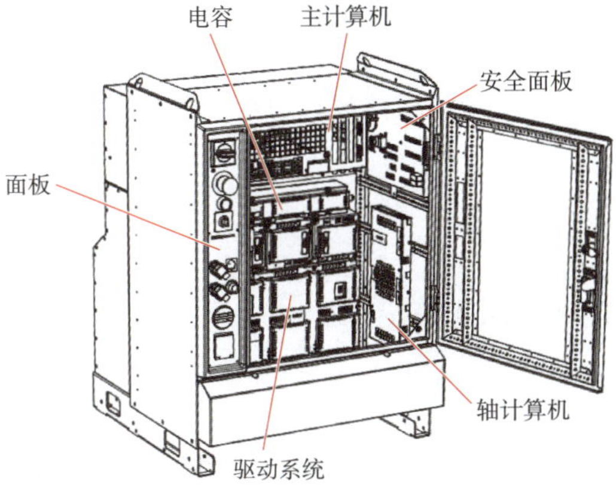

（b）内部模块示意图1

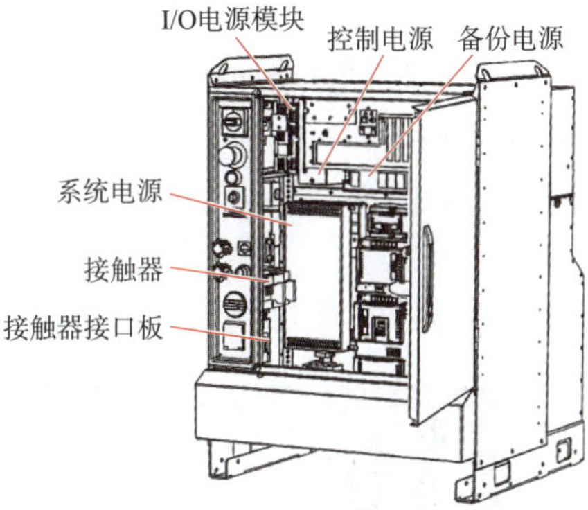

（c）内部模块示意图2

图 2-1-7 IRC5 标准型控制柜的内部模块构成

IRC5 标准型控制柜内部模块分布情况如图 2-1-8 所示。

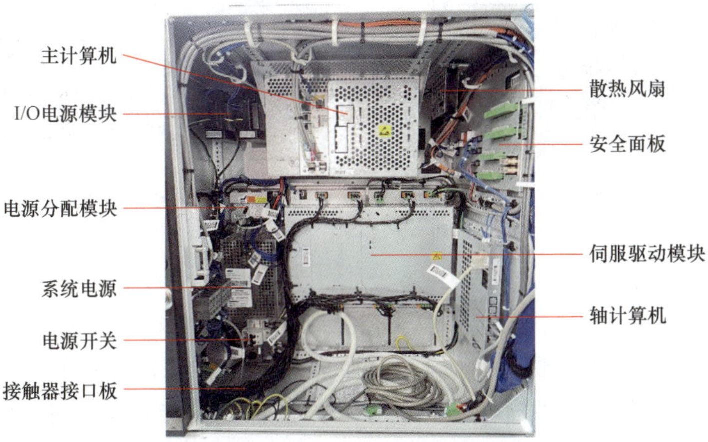

图 2-1-8 IRC5 标准型控制柜内部模块分布

IRC5 标准型控制柜门上的模块如图 2-1-9 所示。

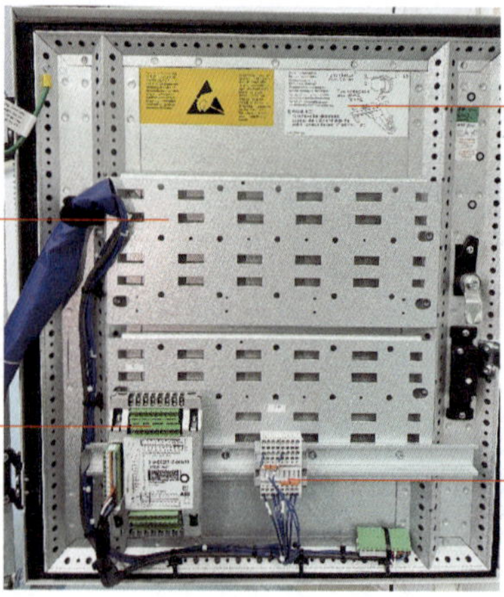

图 2-1-9 IRC5 标准型控制柜门上的模块分布

从控制柜的背面卸下防护盖，可看到如图 2-1-10 所示的散热风扇与变压器。在拆下防护盖时，应先断开主电源。

IRC5 标准型控制柜内部各模块功能如下：

(1) 主计算机

相当于计算机的主机，用于存放系统和数据，如图 2-1-11 所示。

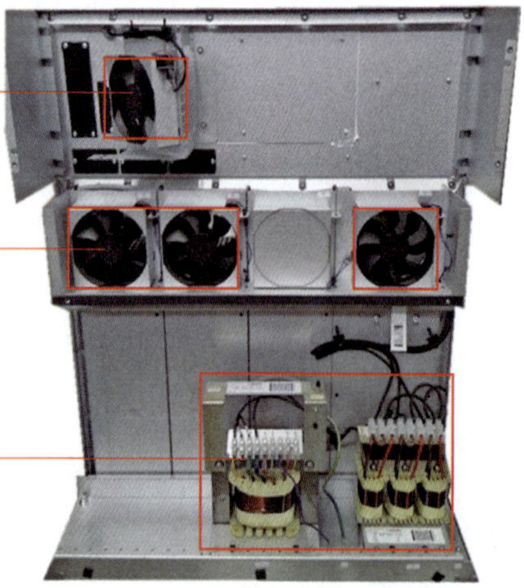

图 2-1-10 卸下防护盖后控制柜门上的模块分布

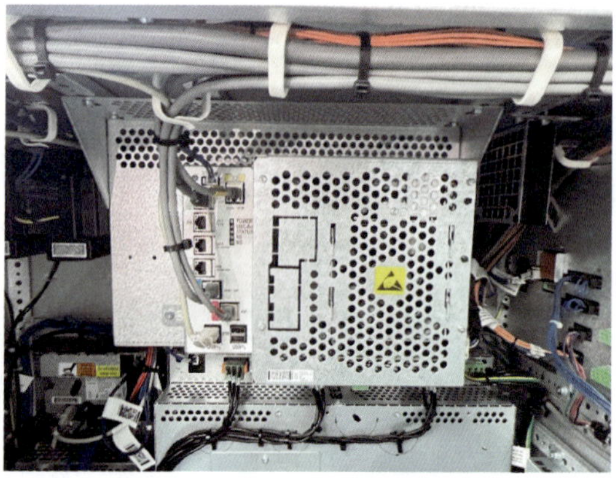

图 2-1-11 主计算机

(2) I/O 模块

I/O 模块即输入/输出模块，是工业机器人控制系统中至关重要的组成部分，用于实现机器人与外部设备之间的信息交互和通信，如图 2-1-12 所示。I/O 模块具体功能分为输入和输出。

输入功能：接收来自外部设备的各种信号，如按钮的按下、传感器检测到物体等信息，再将这些物理信号转换为工业机器人控制系统能够理解的数字信号，为机器人的决策和动作提供依据。

输出功能：根据工业机器人控制系统的指令，将数字信号转换为相应的物理信号，去控制外部设备的运行，如驱动电动机转动、控制阀门开关、点亮指示灯等。

(3)系统电源

系统电源为控制柜中各模块提供直流电源,位于控制柜的左下方,如图 2-1-13 所示。

(4)电源分配模块

电源分配模块给工业机器人各轴运动提供电源,如图 2-1-14 所示。

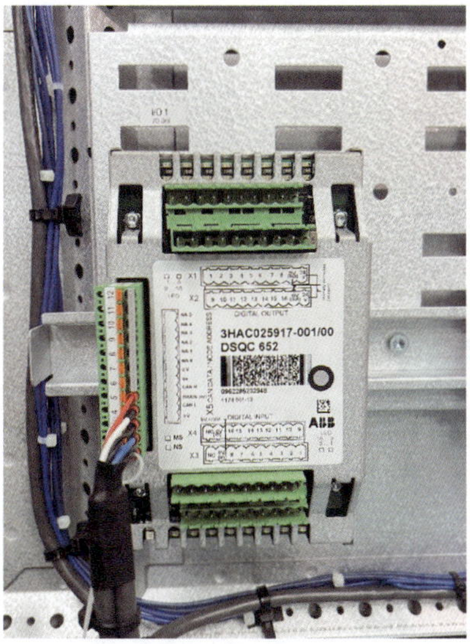

图 2-1-12　I/O 模块

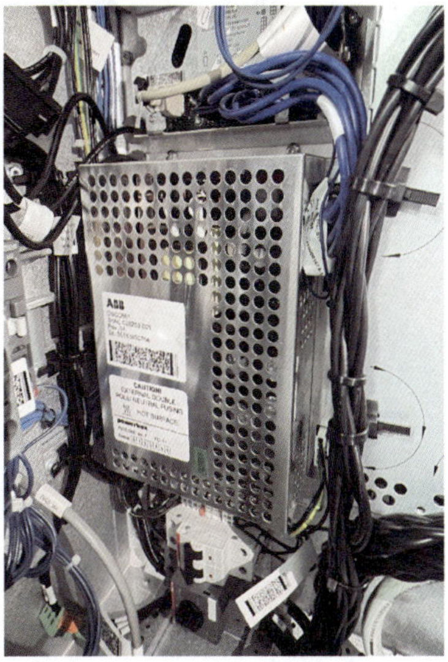

图 2-1-13　系统电源模块

(5)轴计算机

轴计算机对每个机器人轴的转数进行计算,如图 2-1-15 所示。

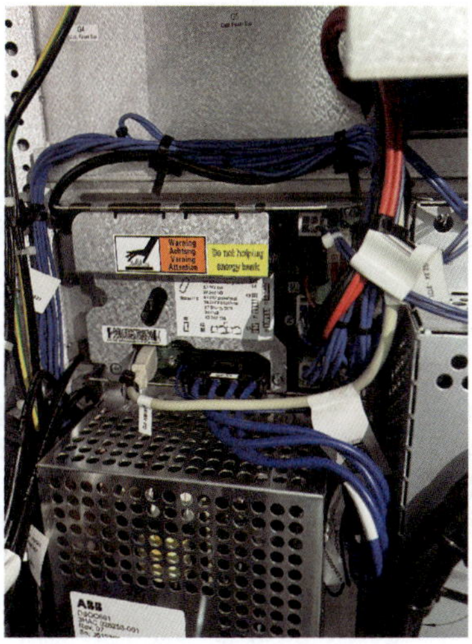

图 2-1-14　电源分配模块

图 2-1-15　轴计算机

(6)安全面板

控制柜正常工作时,安全面板上所有指示灯点亮,紧急停止按钮(简称急停按钮)从安全面板接入,如图 2-1-16 所示。

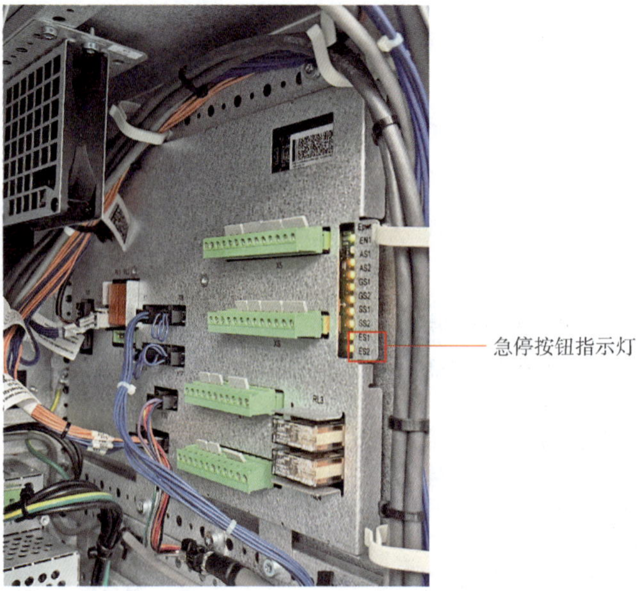

图 2-1-16　安全面板

（7）电容

充电和放电是电容器的基本功能。此电容用于机器人关闭电源后，保存数据后再断电，相当于延时断电功能，如图 2-1-17 所示。

（8）伺服驱动模块

伺服驱动模块用于驱动机器人各个轴的电动机，如图 2-1-18 所示。

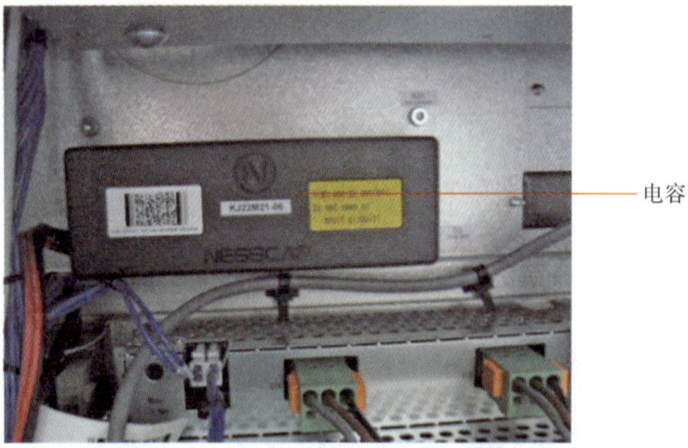

图 2-1-17　电容

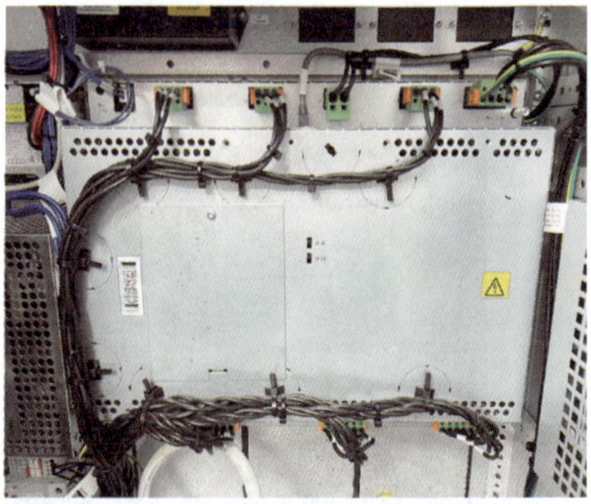

图 2-1-18　伺服驱动模块

3. IRC5 紧凑型控制柜硬件构成

IRC5 紧凑型控制柜硬件构成与标准型控制柜基本一致，布局有些不同，具体外部按钮和端口位置如图 2-1-19 所示。

IRC5 紧凑型控制柜内部模块可参考标准型控制柜硬件构成。从上方打开盖子，查看内部的模块，如图 2-1-20 所示。

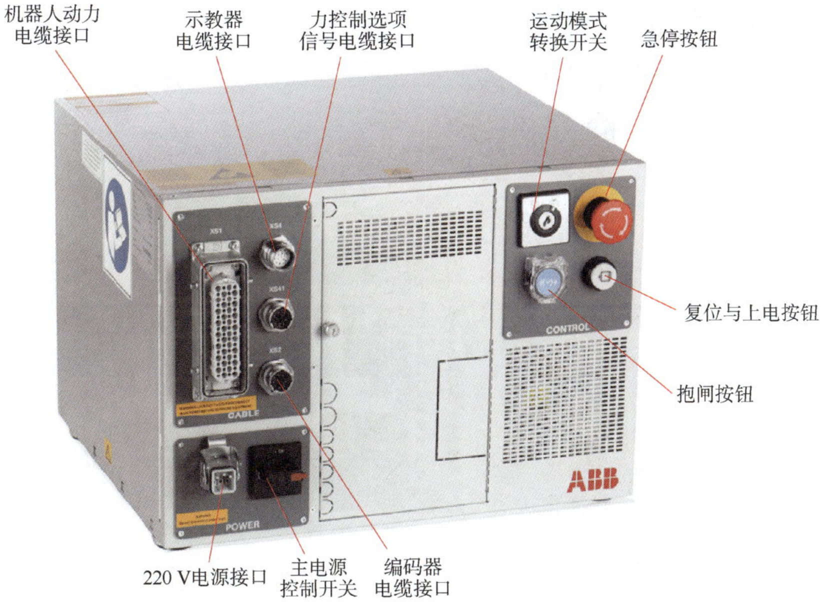

图 2-1-19 IRC5 紧凑型控制柜的外部按钮和端口

图 2-1-20 紧凑型控制柜的内部模块分布图 1

从左侧打开盖子,查看内部的模块,如图 2-1-21 所示。

图 2-1-21 紧凑型控制柜的内部模块分布图 2

从右侧打开盖子，查看内部的模块，如图 2-1-22 所示。

图 2-1-22　紧凑型控制柜的内部模块分布图 3

从后面打开盖子，查看内部的模块，如图 2-1-23 所示。

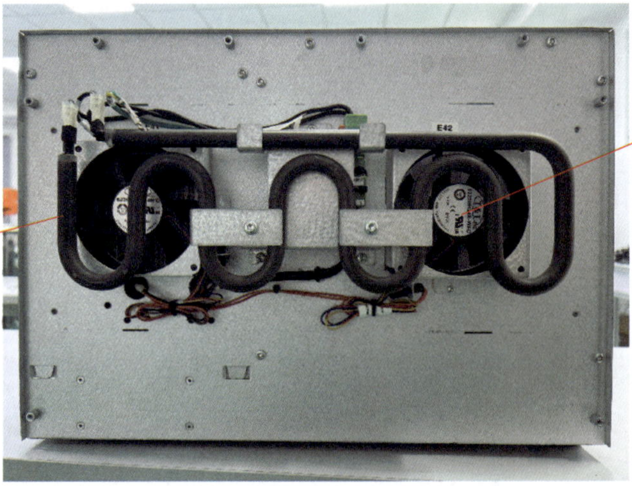

图 2-1-23　紧凑型控制柜的内部模块分布图 4

四、控制柜常用电气元件

控制柜上的常见电气元件包括：低压断路器、接触器、变压器和滤波器等。

1. 低压断路器

低压断路器，简称断路器，如图 2-1-24 所示。低压断路器既有手动开关功能，又有失电压、欠电压、过载和短路保护功能。它可用来分配电能，对电源线路及电动机等实行保护。当发生严重的过载或者短路及欠电压等故障时，低压断路器能自动切断电路，其功能相当于熔断器开关与过欠热继电器等组合。而且在分断故障电流后一般不需要变更零部件，已获得了广泛的应用。

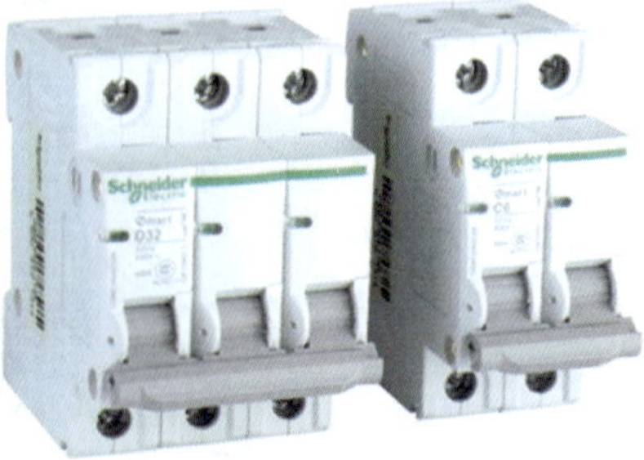

图 2-1-24　低压断路器

低压断路器的接线方式有板前、板后、插入式和抽屉式，其中板前接线是常见的接线方式。

2. 接触器

接触器是用于远距离、频繁地接通和分断交、直流主电路和大容量控制电路的电器，如图 2-1-25 所示。可用作控制电热设备、电照明、电焊机和电容器组等电力负载。接触器分为交流接触器(AC)和直流接触器(DC)，控制柜中使用的是交流接触器。

接触器的工作原理：当接触器线圈通电后，线圈电流会产生磁场，产生的磁场使静铁芯产生电磁吸力吸引动铁芯，并带动交流接触器触点动作，常闭触点断开，常开触点闭合，两者是联动的。当线圈断电时，电磁吸力消失，衔铁在释放弹簧的作用下释放，使触点复原，常开触点断开，常闭触点闭合。直流接触器的工作原理跟温度开关的原理相似。

3. 变压器

变压器是利用电磁感应原理来改变交流电压的装置，主要构件是一次线圈、二次线圈和铁芯(磁芯)，如图 2-1-26 所示。主要功能有：电压变换、电流变换、阻抗变换、隔离、稳压(磁饱和变压器)等。按用途可以分为：电力变压器和特殊变压器(电炉变、整流变、工频试验变压器、调压器、矿用变、音频变压器、中频变压器、高频变压器、冲击变压器、仪用变压器、电子变压器、电抗器、互感器等)。电路符号常用 T 当作编号的开头，如 T01、T201 等。

在控制柜中，利用变压器将工业 380 V 交流电转换为 220 V。紧凑型的控制柜没有变压器。

4. 滤波器

滤波器是一种对信号有处理作用的元件或电路，如图 2-1-27 所示。滤波器实质上是一个选频电路。滤波器的主要功能是允许某一部分频率的信号顺利通过，而另外一部分频率的信号则受到较大抑制。

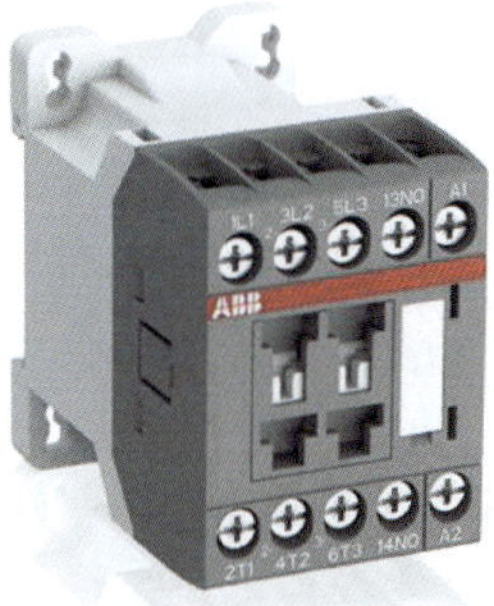

图 2-1-25　接触器

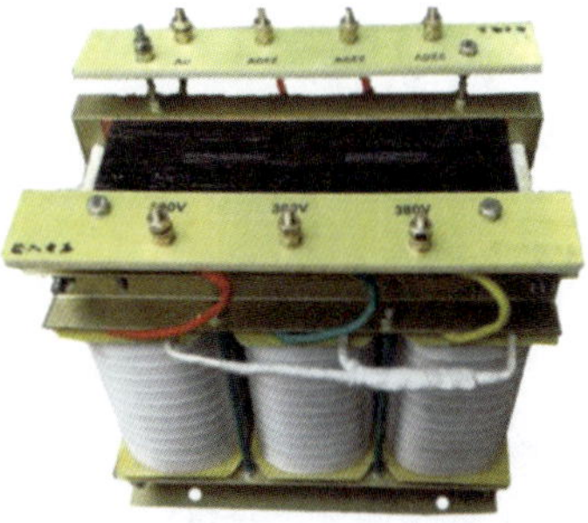

图 2-1-26　变压器

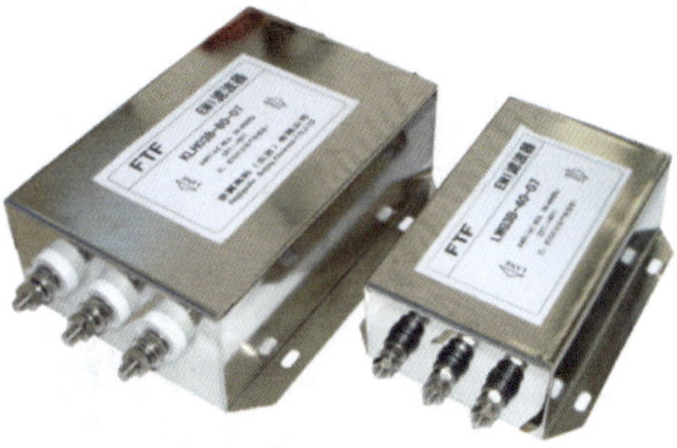

图 2-1-27　滤波器

滤波器一般有两个端口，一个输入信号、一个输出信号，利用这个特性可以选通经过滤波器的一个方波群或复合噪波，而得到一个特定频率的正弦波(如常用的 50 Hz)。在滤波器中：把信号能够通过的频率范围，称为通频带或通带；反之，信号受到很大衰减或完全被抑制的频率范围称为阻带；通带和阻带之间的分界频率称为截止频率。

学习笔记

任务实施

一、查阅资料填表

①查阅有关资料，填写图 2-1-28 中缺失的内部模块名称。

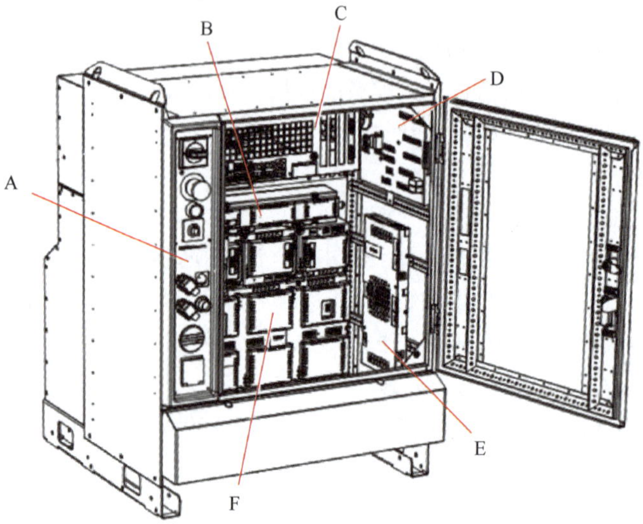

图 2-1-28　控制柜内部模块

A:＿＿面板＿＿B:＿＿电容＿＿C:＿＿＿＿＿＿

D:＿＿＿＿＿＿E:＿＿＿＿＿＿F:＿＿＿＿＿＿

②查阅有关资料，根据图 2-1-29 所示的控制柜外部按钮和端口的指向位置填写补充控制柜的外部按钮和端口，见表 2-1-1。

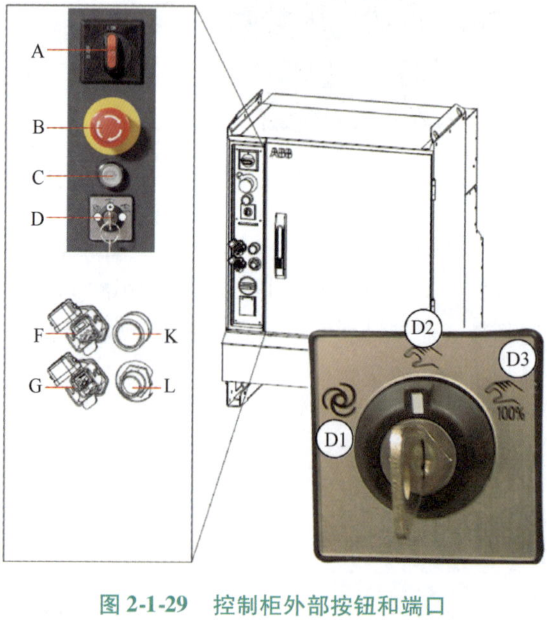

图 2-1-29　控制柜外部按钮和端口

表 2-1-1　控制柜的接口按钮名称

序号	接口按钮名称	序号	接口按钮名称
A		G	计算机服务端口
B		K	Hot plug 按钮
C		L	FlexPendant 连接器
D	运动模式转换开关	D1	
F		D2	

二、拓展学习实践

①简述以下控制柜内部模块有何作用。

主计算机：______________________________

轴计算机：______________________________

安全面板：______________________________

伺服驱动模块：______________________________

电容：______________________________

电源分配模块：______________________________

②简述控制柜上有哪些常见的电气元件，分别列举其作用。

a. ______________________________

b. ______________________________

c. ______________________________

d. ______________________________

任务评价

任务评价见表 2-1-2。

表 2-1-2　任务评价表

序号	评价内容	评价标准	分数	评分记录		
				学生自评	组间互评	教师评分
1	硬件构成	正确填写控制柜的硬件构成，共 4 项，每错一处扣 5 分	20			

续表

序号	评价内容	评价标准	分数	评分记录		
				学生自评	组间互评	教师评分
2	外部按钮、端口及内部模块	正确填写控制柜的外部按钮和端口及内部模块的名称，共6项，每错一处扣4分，扣完为止	20			
3	内部模块作用	正确写出控制柜内部模块的作用，共6项，每错一处扣3分	18			
4	常用电气元件	正确写出控制柜的常用电气元件及其作用，共4项，每错一处扣3分	12			
5	安全生产	①劳动保护用品穿戴不整齐，扣5分。 ②操作中，未遵守操作规程，违反安全文明生产中设备操作、设备调试、用电安全知识，扣10分。 ③操作结束未清理现场，扣5分	20			
6	学生考勤情况	无迟到、早退、旷课	5			
7	工作态度	态度认真、团队合作、任务完成质量良好（字迹工整、条理清晰）	5			
总分			100			

巩固练习

一、选择题

1. ABB IRC5 Compact 型控制柜上不包含(　　)。

A. 电动机开启按钮　B. 紧急停止按钮　C. 制动闸释放按钮　D. 使能按钮

2. ABB 机器人的手动自动切换，是在(　　)上操作的。

A. 示教器　B. 机器人本体　C. 控制柜　D. 外围设备

二、填空题

1. 工业机器人系统主要由________、________、________等组成。

2. 机器人控制柜按照柜型来分可以分为________、________、面板嵌入型、________控制柜。

3. IRC5 标准型控制柜是 ABB 第五代机器人控制柜，其系统构成一般包括：________、________、轴计算机、安全面板、________、电源分配模块、________、________、________、________等。

三、简答题

填写补充图 2-1-30 所示 IRC5 紧凑型控制柜的外部按钮和端口名称。

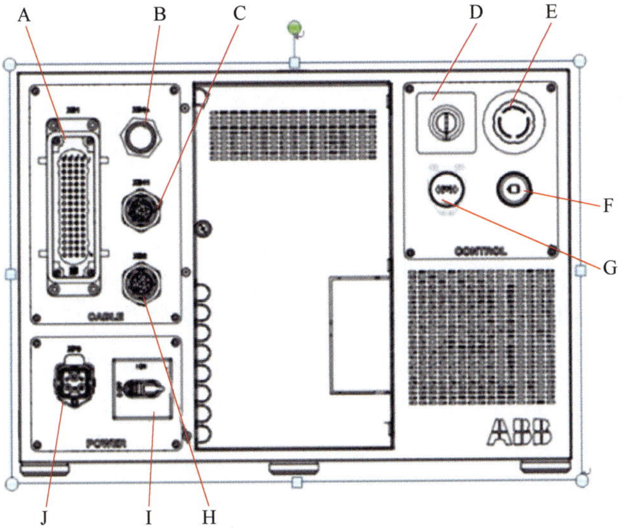

序号	接口按钮名称	序号	接口按钮名称
A	机器人动力电缆接口	F	
B	示教器电缆接口	G	抱闸按钮
C	力控制选项信号电缆接口	H	
D		I	
E		J	220 V 电源接口

图 2-1-30　IRC5 紧凑型控制柜的外部按钮和端口名称

任务二　维护与保养控制柜

情景导入

工业机器人在制造业使用的程度不断增加，主要使用在较为恶劣的条件下，或工作强度和持续性要求较高的场合。工业机器人的控制柜必须有计划地经常保养以使其能够正常工作，操作人员对工业机器人控制柜的维护与保养，是各类维护保养工作中的重中之重。

学习目标

一、知识目标

①了解控制柜维护保养的目的。

②了解控制柜保养方法与操作流程。

二、能力目标

①能对控制柜内外进行除尘清洁操作。

②能制订与实施控制柜点检计划表。

三、素养目标

①培养学生细致的观察力、严谨的工作态度。

②养成遵守安全操作规程的习惯。

③培养团队协作的精神。

任务描述

本任务以 ABB 工业机器人控制柜为载体，通过施行预防性维护与保养计划表中的具体维护保养内容，对控制柜进行常规检查、测量、清洁以及电气元件保养更换。

核心知识

一、控制柜维护保养目的

工业机器人的控制柜是机器人系统的核心，安装有多个重要的电气元件。在长期工作过程中，空气中的很多灰尘杂质就会进入到控制柜中，对其中的电气元件运行造成影响，从而会缩短控制柜的使用寿命。学会对工业机器人控制柜进行常规检查十分有必要。

工业机器人控制柜维护保养的主要目的：①确保系统的最大利用率；②尽量减少系统的停机时间。

二、控制柜保养计划制订与实施

控制柜的设计使其能够以最小的维护率在常规条件下运行，但仍然必须对它进行定期常规检查和预防性维护。对工作状态良好的设备，其预防性维护量不应超过建议的维护量。机器人的控制柜必须有计划地经常保养，以便其正常工作。

设备点检是一种科学的设备管理方法，它是利用人的“五感”或简单的仪器工具，对设备进行定点、定期的检查，对照标准发现设备的异常现象和隐患，掌握设备故障的初期信息，以便及时采取对策，将故障消灭在萌芽阶段的一种管理方法。控制柜保养计划表见表 2-2-1。

表 2-2-1　控制柜保养计划表

序号	保养内容	设　备	周　期
1	检查	控制柜	6 个月
2	清洁	控制柜	1 天/1 次
3	清洁	空气过滤器	1 周/1 次
4	更换	空气过滤器	4 000 小时/24 个月
5	检查	冷却风扇	6 个月
6	清洁	示教器	根据需要
7	保养	电池	12 000 小时/36 个月
8	更换	电池	60 个月

小知识：

人的“五感”技能包括视觉、听觉、触觉、嗅觉和味觉(仅适用于食品级)。通过“视觉”可以检测螺栓是否松动;液压或气压是否正常;油位油温是否正常;管线是否有破损以及减速箱是否漏油等。通过“听觉”可以检测机械设备的异常响声;电机减速机是否有异响;轨道链条运行是否有异响;轴承座运转是否有异响等。通过“触觉”可以检测电机表面温度是否异常;电缆电线表面温度是否异常升高;精密设备表面是否油污严重等。通过“嗅觉”可以检测电机减速机是否有异味;皮带是否有异味;电气元件是否有异味。

点检可根据实际要求定义周期,一般是每天和每周。点检工作内容包括“五感”点检、修理、调整、清扫、润滑和排水。检测的十大要素包括压力、温度、流量、泄漏、油脂、异响、振动、磨损以及松弛等。点检记录内容包括:每天点检记录,由岗位操作人员填写;每周点检记录,由设备技术员填写;定期检查记录;维修或者设备更新报告。

维护周期主要取决于设备使用环境。视机器人运行时数和温度决定,可根据实际情况缩短或延长时间间隔。

ABB机器人控制柜标准保养常规检查包括:①控制柜内外清洁度检查;②控制柜各个部件牢固性检查;③示教器清洁度检查;④电路板指示灯状态检查;⑤控制柜内部电缆检查等。

维护工作开始前,应对所有表面擦拭干净。为防止灰尘等造成不必要的污染,在打开门或者盖前,应清洁控制装置和操纵器外部。

三、控制柜保养方法与操作流程

1. 检查控制柜

在维护保养控制柜或连接到控制柜上的其他单元之前,应注意以下几点:

①切断控制柜的所有供电电源。

②控制柜或连接到控制柜的其他单元,其内部很多元件都对静电敏感,如果受静电影响,有可能损坏。

③在操作时,一定要戴上一个接地的静电防护装置,如特殊的静电手套等,有的模块或元件装有静电保护扣,用以连接保护手套。

检查控制柜具体的操作步骤见表2-2-2。

表2-2-2　控制柜的检查方法与步骤

序号	操作方法	图　示
1	检查所有接头处,看密封是否完好,防止灰尘和污垢进入控制柜	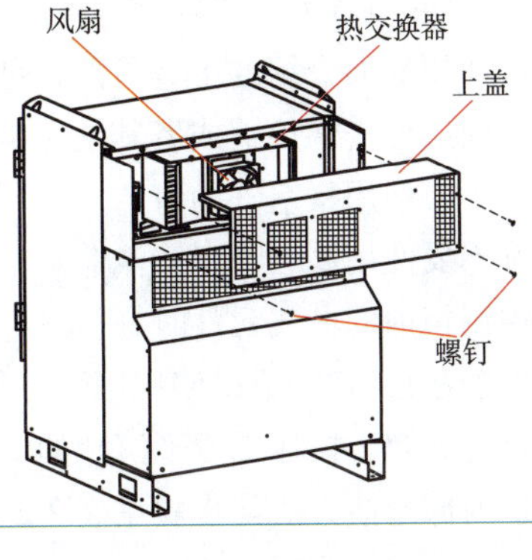
2	检查连接器和电缆固定是否完好,确保没有破裂或损坏	
3	检查主机冷却风扇(如右图),如有损坏的立即更换	

续表

序号	操作方法	图 示
4	检查驱动模块冷却风扇(如右图)	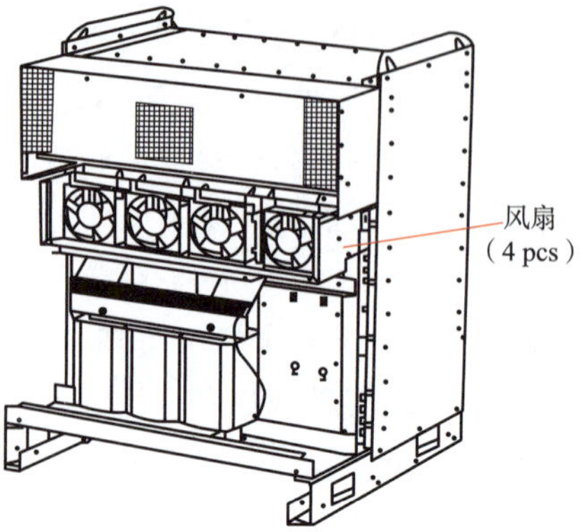
5	清洁前先关闭所有电源,确认所有模块功能完好后再通电	

2. 清洁控制柜

清洁控制柜所需设备包括一般清洁器具和真空吸尘器。使用一般清洁器具时,可以用软刷蘸酒精清洁外部柜体。真空吸尘器用于控制柜内部清洁,如图 2-2-1 所示。

图 2-2-1 清洁控制柜

清洁控制柜之前的注意事项:

①关断控制柜的电源旋转开关,切断机器人控制系统的总电源。

②清理控制柜内元件时,一定要遵守 ESD(electro-static discharge,静电放电)准则工作,需戴防静电手环,以防止电气元件损坏。

③尽量使用前面介绍的工具清洗,否则容易发生一些额外的问题。

④清洁前应检查保护盖或者其他保护层是否完好。

⑤千万不要使用指定外的清洁用品,如压缩空气及溶剂等。

⑥千万不要使用高压喷射清洁器。

清洁控制柜内的电气元件时,应按照从上到下,先正面后背面的顺序依次进行。控制柜内只可使用吸尘器进行清洁,不得使用压缩空气。清洁电气元件时,要注意连接线缆,不得扯断或拉松电线。应及时更换已损坏或看不清楚的文字说明和铭牌,补充缺失的说明和铭牌。

控制柜内部清洁方法与步骤见表 2-2-3。

表 2-2-3　控制柜内部清洁方法与步骤

序号	操作方法	说　明
1	用真空吸尘器清洁控制柜内部	关机后，打开控制柜门，用真空吸尘器除尘，注意气量不要太大
2	如果控制柜里面装有热交换装置，需保持其清洁（这些装置通常在供电电源后面、计算机模块后、驱动单元后面）	如果需要，可以先移开这些热交换装置，然后再清洁柜体
3	拆下驱动模块风扇，使用压缩空气清洁通道	
4	如果工作环境恶劣，驱动器冷却风扇必须定期清洁，以保证其正常工作	

3. 清洁滤尘网

图 2-2-2 为滤尘网在控制柜中的位置。

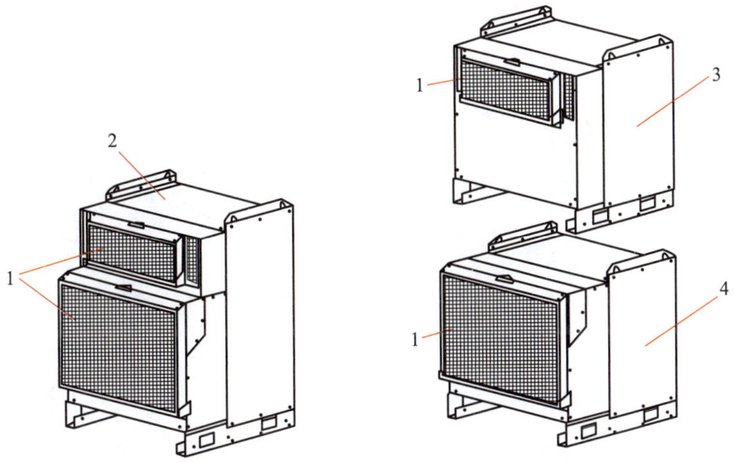

1—滤尘网；2—单柜型控制柜；3—双柜型控制柜控制模块；4—双柜型控制柜驱动。

图 2-2-2　滤尘网在控制柜中的位置

清洁滤尘网的方法及步骤：

①断开控制柜的所有电源。

②找到控制柜背面的纱布，提起并取出滤布架。

③取出滤布架上的滤布，如图 2-2-3 所示。

④将滤布放置在 30～40 ℃的混有清洁剂的水中。

⑤清洗 3～4 次。

⑥晾干过滤网。晾干过滤网的方法有两种，一是将过滤网平放在一个平的表面晾干，二是从面对干净空气那面用压缩空气吹干。

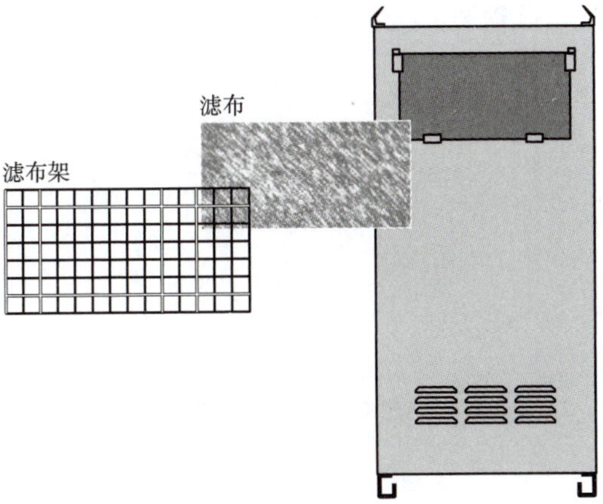

图 2-2-3　取出滤布架上的滤布

4. 更换滤尘网

①控制柜滤尘网的拆卸方法见表 2-2-4。

表 2-2-4　控制柜滤尘网的拆卸方法

序号	操作方法	图　示
1	如右图将滤尘网向上拉	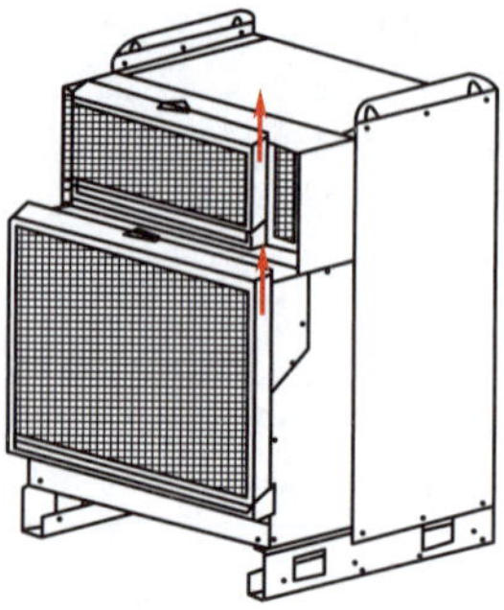
2	如右图将滤尘网朝箭头方向拉出	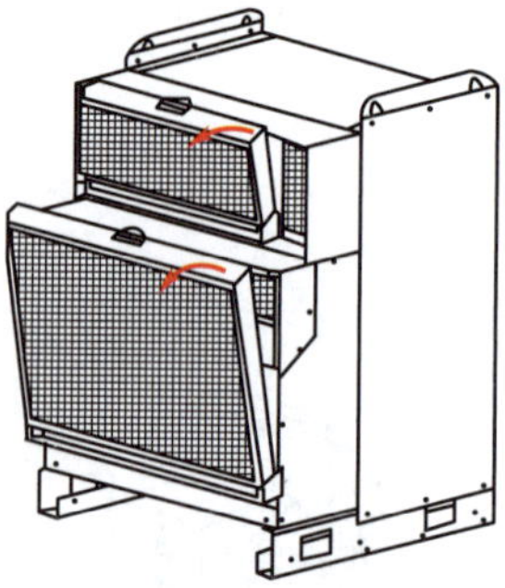
3	解开锁钩(分别执行步骤①、②)	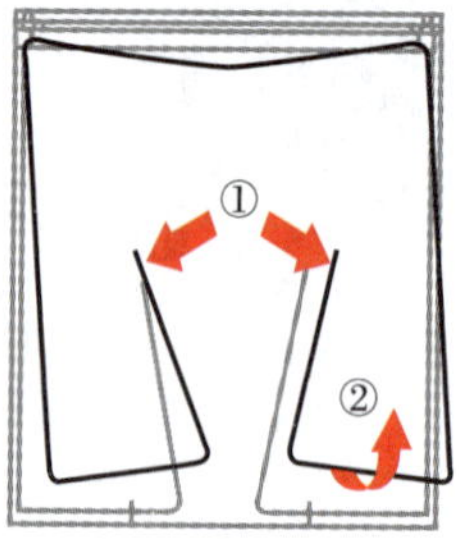

②控制柜滤尘网的安装方法见表 2-2-5。

表 2-2-5　控制柜滤尘网的安装方法

序号	操作方法	图示及说明
1	将新的滤尘网放入并挂上锁口	注意滤尘网紧密的一面朝控制柜内部
2	如右图将滤尘网朝箭头方向推	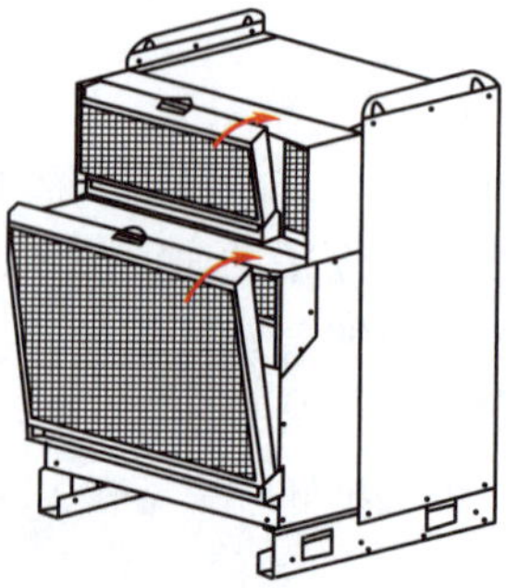

续表

序号	操作方法	图示及说明
3	如右图将滤尘网朝箭头方向推直至推不动	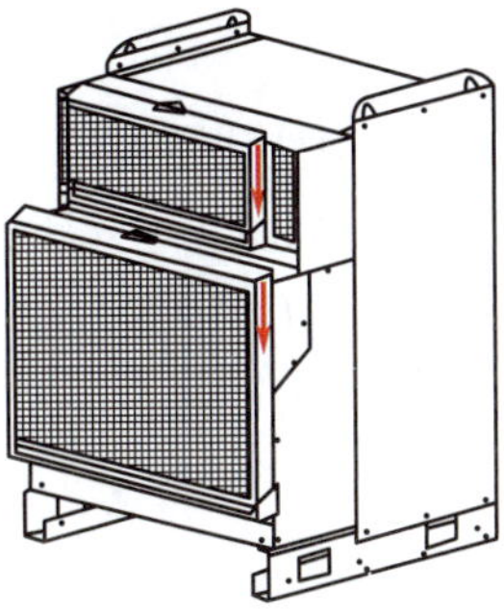

5. 检查控制柜及示教器

①控制柜及示教器的检查方法见表 2-2-6。

表 2-2-6 控制柜及示教器的检查方法

序号	检查内容	检查事项	方法及对策
1	外观	①控制柜是否干净。 ②电缆外观有无损伤。 ③通风孔是否堵塞	①清扫机器人控制柜。 ②目测外观有无损伤，如果有应紧急处理，损坏严重时应进行更换。 ③目测通风孔是否堵塞并进行处理
2	复位急停按钮	①面板急停按钮是否正常。 ②示教器急停按钮是否正常。 ③外部控制复位急停按钮是否正常	开机后用手按动复位急停按钮，确认有无异常，损坏时进行更换
3	电源指示灯	①面板、示教器、外部机器、机器人本体的指示灯是否正常。 ②其他指示灯是否正常	目测各指示灯有无异常
4	冷却风扇	运转是否正常	打开控制电源，目测所有风扇运转是否正常，不正常予以更换
5	伺服驱动器	伺服驱动器是否洁净	清洁伺服驱动器
6	放大器输入/输出电缆安装螺钉	①放大器输入/输出电缆是否连接。 ②安装螺钉是否紧固	放大器输入/输出电缆是否连接
7	I/O 模块的端子导线	I/O 模块的端子导线是否连接导线	连接 I/O 模块的端子导线，并紧固螺钉
8	伺服放大器的输入/输出电压（AC、DC）	打开伺服电源，参照各机型维修手册测量伺服放大器的输入/输出电压（AC、DC）是否正常，判断基准在 ±15% 范围内	建议由专业人员指导
9	开关电源的输入输出电压	打开伺服电源，参照各机型维修手册，测量各 DC 电源的输入/输出电压：输入端为单相 220 V，输出端为 DC 24 V	建议由专业人员指导
10	电动机抱闸线圈打开时的电压	在电动机抱闸线圈打开时的电压判定基准为 DC 24 V	建议由专业人员指导

②示教器保养检查。

示教器的清洁方法如图 2-2-4 所示。

a. 清洁示教器屏幕前,应关闭示教器或使用锁屏功能将示教器屏幕锁住。

b. 使用软布,温水,中性清洁剂清洁示教器屏幕和按键。请注意,温水和清洁剂不得过多,防止进入示教器内部。

c. 完成后解开示教器屏幕锁定。

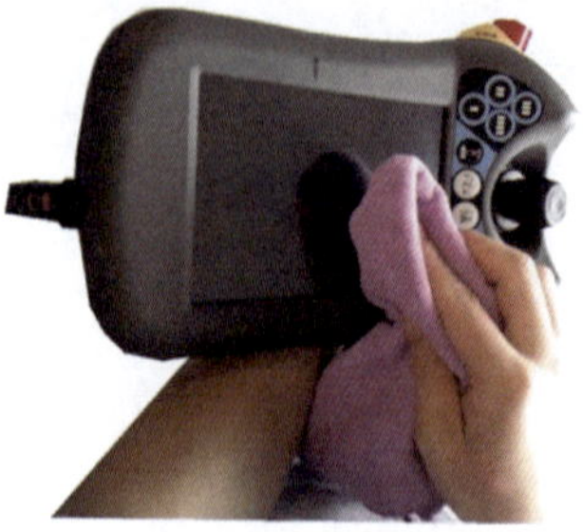

图 2-2-4 清洁示教器

小知识:

其他注意事项:

①应从实际出发按适当的频率清洁示教器。

②尽管面板漆膜能耐受大部分溶剂的腐蚀,但仍要避免丙酮等强溶剂。

③若有条件,示教器在不使用的时候应该拆卸下来放在干净的场所。

6. 检查连接电缆线

检查连接电缆时,应先关闭连接到机器人的所有电源、液压源、气压源,然后再进入机器人工作区域进行检查。连接电缆线的检查方法见表 2-2-7。

表 2-2-7 连接电缆线的检查方法

序号	检查内容	检查事项	方法及对策
1	机器人本体与伺服电动机相连的电缆	①接线端子的松紧程度。 ②电缆外观有无磨损和损伤	①用手确认松紧程度。 ②目测外观有无损伤,如果有任何磨损应及时更换
2	与控制装置相连的电缆	①接线端子的松紧程度。 ②电缆外观(包括示教器及外部轴电缆)有无损伤	同上
3	接地线	①本体与控制装置间是否接地。 ②外部轴与控制装置间是否接地	目测并连接接地线
4	电缆导向装置	检查底座上的连接器,检查电缆导向装置有无损坏	如有任何磨损损坏及时更换

学习笔记

任务实施

一、准备工作

1. 实训工具准备

工业机器人控制柜的常规检查中涉及相关零部件的拆卸等，需要配备一些专用工具及耗材（见表2-2-8），这些实训工具建议每个学习小组一套。

表 2-2-8　专用工具及耗材

序号	分类	名　　称	型号规格	数量	单位
1	工具	活扳手	8～9 mm	1	把
2		星形螺丝刀	Tx10，Tx25	1	套
3		套筒扳手组	8 mm 系列	1	套
4		转矩扳手	0～60 N·m；1/2 的棘轮头	1	把
5		内六角加长球头扳手	1.5、2、2.5、3、4、5、6、8、10 mm	1	把
6		小型螺丝刀套装	一字 1.6、2.0、2.5、3.0 mm；十字 PH0、PH1	1	把
7		一字螺丝刀	4、8、12 mm	1	把
8		防静电手套	—	1	双
9		尖嘴钳	6 寸	1	把
10		斜口钳	5 寸	1	把
11	耗材	内六角螺钉	5～17 mm	若干	颗
12		外六角螺钉	M10×100 mm	若干	颗
13		外六角螺钉	M16×90 mm	若干	颗

2. 实训设备准备

实训设备为一台 ABB 工业机器人控制柜，如图2-2-5所示。

视　频

控制柜保养方法与操作流程——日常点检

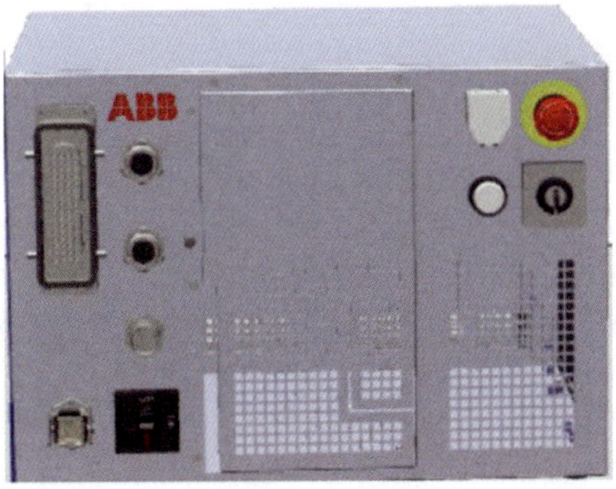

图 2-2-5　ABB 工业机器人控制柜

视　频

控制柜保养方法与操作流程——定期点检

二、制定控制柜点检记录表

接下来针对工业机器人 IRC5 标准型控制柜制定日常点检表（见表2-2-9）及定期点检表（见表2-2-10）。

表 2-2-9 IRC5 标准型控制柜日常点检记录表

＿＿＿＿年＿＿＿＿月

类别	编号	检查项目	要求标准	方法	1	2	3	4	5	6	7	8	9	10	…	30	31
日点检	1	控制柜清洁,四周无杂物	无灰尘异物	擦拭													
	2	保持通风良好	清洁无污染	看													
	3	示教器功能是否正常	显示正常	看													
	4	控制柜运行是否正常	正常控制机器人	看													
	5	检查安全防护装置是否运作正常:急停按钮是否正常等	安全装置运作正常	测试													
	6	检查按钮/开关功能	功能正常	测试													
	7																
	确认人签字																
备注	日点检要求每日开工前进行。 设备点检、维护正常划“√”;使用异常划“△”;设备未运行划“/”																

表 2-2-10 IRC5 标准型控制柜定期点检记录表

＿＿＿＿年＿＿＿＿月

类别	编号	检查项目	1	2	3	4	5	6	7	8	9	10	11	12
定期点检[1]	1	清洁示教器												
	确认人签字													
每 6 个月	2	散热风扇的检查												
	确认人签字													
每 12 个月	3	清洁散热风扇												
	4	清洁控制柜内部												
	5	检查上电接触器 K42、K43												
	6	检查刹车接触器 K44												
	7	检查安全回路												
	确认人签字													
备注	[1]“定期”意味着要定期执行相关活动,但实际的间隔可以不遵守机器人制造商的规定。此间隔取决于机器人的操作周期、工作环境和运动模式。通常来说,环境的污染越严重,运动模式越苛刻(电缆线束弯曲越厉害),检查间隔也越短。 设备点检、维护正常划“√”;使用异常划“△”;设备未运行划“/”													

注意事项:①上述表中列出的是工业机器人 IRC5 标准型控制柜直接相关的点检项目。②工业机器人 IRC5 标准型控制柜是与工业机器人本体配合使用的,所以控制柜的点检要配合机器人本体的点检一起进行。

三、任务结束

①归还工具。

②归还安全防护设备。

③提交维护保养记录表。

任务评价

任务评价见表 2-2-11。

表 2-2-11 任务评价表

序号	评价内容	评价标准	分数	评分记录		
				学生自评	组间互评	教师评分
1	控制柜常规检查	①打开控制柜的方法不正确,扣 5 分。 ②控制柜上有灰尘或周围有异物,扣 10 分。 ③不能正确检查安全防护装置是否运作正常,扣 5 分。 ④未检查急停按钮是否正常,扣 5 分	20			
2	清洗控制柜	①未用真空吸尘器清洁控制柜内部,扣 5 分。 ②未正确拆下驱动模块风扇并使用压缩空气清洁通道,扣 5 分。 ③清洗控制柜后不能正确安装部件,每个扣 5 分	15			
3	清洁示教器	①清洁示教器屏幕前,未关闭示教器或使用锁屏功能将示教器屏幕锁住,扣 5 分。 ②未使用规定的工具(软布、温水、中性清洁剂)清洁示教器屏幕和按键,扣 5 分。 ③清洁完成后未解开示教器屏幕锁定,扣 5 分	15			
4	连接电缆线的检查	①检查机器人连接电缆时,未关闭连接到机器人的所有电源、液压源、气压源,就进入机器人工作区域进行检查,扣 5 分。 ②未用手去检查确认机器人本体与伺服电动机相连电缆的连接紧固性和破损性,扣 5 分。 ③未用手去检查确认机器人与控制装置相连电缆的连接紧固性和破损性,扣 5 分。 ④未检查底座上的连接器、检查电缆导向装置有无损坏,扣 5 分	20			
5	安全文明生产	①劳动保护用品穿戴不整齐,扣 5 分。 ②操作中,未遵守操作规程,违反安全文明生产中设备操作、设备调试、用电安全知识,扣 10 分。 ③操作结束未清理现场,扣 5 分	20			
6	学生考勤情况	无迟到、早退、旷课	5			
7	工作态度	态度认真、团队合作、任务完成质量良好(字迹工整、问题与解决办法记录合理清晰)	5			
总分			100			

巩固练习

一、选择题

1. 控制柜清洁工具选用正确的是(　　)。

A. 毛刷　　B. 高温蒸汽

C. 高压水枪　　D. 用加入防锈剂溶液的水冲洗

2. 清洁示教器时，(　　)是错误的。

A. 清洁前，一定要关闭示教器　　B. 使用软布蘸温水清理示教器

C. 使用软布蘸清洁剂清理示教器　　D. 使用压缩空气清洁示教器

3.(　　)不属于工业机器人控制柜的维护。

A. 检查控制柜散热情况　　B. 清洁示教器

C. 检查关节轴机械限位开关　　D. 清洗控制柜内容

二、填空题

1. 工业机器人控制柜维护保养的主要目的是__________、__________。

2. 为防止灰层等造成不必要的污染，在打开门或者盖前，应清洁__________和__________。

3. ABB 机器人控制柜标准保养常规检查包括：__________、__________、__________、__________、__________。

4. ABB 机器人控制柜空气过滤器更换时间是__________。

5. __________在控制柜清洁中所需设备有一般清洁器具和真空吸尘器，一般清洁器主要用于清洁，而真空吸尘器主要用于__________清洁。

三、简答题

1. 在工业机器人控制柜维护检查中需要注意哪几点？

2. 控制装置检查中外观检查的事项有哪些？方法和对策又是什么？

3. 想一想，在控制柜常规检查工作中，你觉得还有哪些部分需要注意？

任务三　排除控制柜常见故障

情景导入

某品牌全智能“无人工厂”的空调生产线投入使用了 800 多台工业机器人，一台空调从下单到出货仅需 3 天，这些工业机器人虽然可替代上百人进行工作，但仍需要技术人员在旁严阵以待，及时处理工业机器人发生的各类故障，如熟练快速地排除控制柜常见故障。技术人员需掌握工业机器人控制柜维护与维修的步骤与方法，本任务将列举一些控制柜常见故障及相应的排除方法。

学习目标

一、知识目标

①了解常见故障分类。

②了解故障排查的一般步骤。

二、能力目标

①能分析控制柜常见故障原因。

②能排除控制柜常见故障。

三、素养目标

①养成认真和严谨的工作态度。
②培养团队协作的精神。

任务描述

当工业机器人控制柜发生故障报警后,如何快速准确地定位故障并给出诊断结果,这是摆在机器人工程师面前的难题。在本任务中,以 ABB 工业机器人控制柜为载体,对控制柜常见故障进行原因分析和故障排除。梳理控制柜故障诊断技巧的同时,整理故障诊断与排除的方法和思路,以便在实际工作的过程中有的放矢。

核心知识

一、常见故障分类

1. 按工业机器人系统发生故障的部件分类

按发生故障的部件不同,工业机器人故障可分为机械故障和电气故障。

(1)机械故障

机械故障主要发生在机器人的机械本体部分,如各个关节、电动机、减速机、机械手等。

因机械安装、调试及操作不当等原因而引起的机械传动故障较常见。通常表现为各轴处有异响,动作不连贯等。例如,电动机或减速机被撞坏、皮带或齿轮有磨损、电动机或减速机参数设置不当等原因均可造成以上故障。

还应引起重视的是,机器人各个轴标明的注油点(注油孔)须定时、定量加注润滑油(脂),这是机器人正常运行的保证。

(2)电气故障

电气故障可分为弱电故障与强电故障。

弱电故障主要指主控制柜、伺服单元、安全单元、输入/输出装置等电子电路发生的故障。强电故障指继电器、接触器、开关、熔断器、电源变压器、电磁铁、外围行程开关等元件,以及由其所组成的电路所发生的故障。这部分故障十分常见,必须引起足够的重视。

工业机器人控制柜的电气故障又可分为硬件故障和软件故障,如图 2-3-1 所示。

硬件故障指上述各装置的集成电路芯片、分立元件、接插件以及外部连接组件等发生的故障。软件故障主要指加工程序出错、系统程序和参数改变或丢失、系统运算出错等。

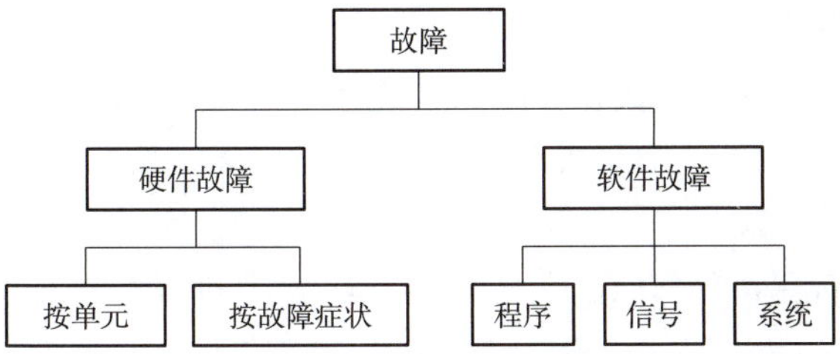

图 2-3-1 控制柜常见故障分类

其中,硬件故障的排除方式主要分为按单元分类和按故障症状分类两种,工业机器人控制柜的常见模块与线束故障,如图 2-3-2 所示。

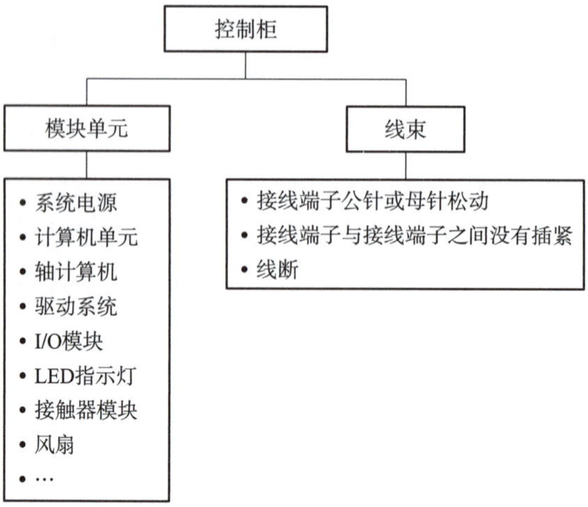

图 2-3-2 控制柜常见模块与线束故障

2. 按工业机器人发生故障的性质分类

按发生故障的性质不同,工业机器人故障可分为系统性故障和随机性故障。

(1)系统性故障

系统性故障指满足一定的条件或超过某一设定,工作中的机器人必然会发生的故障。这一类故障现象极为常见。例如:电池电量不足或电压过低时必然会发生控制系统故障报警;润滑油(脂)失效而导致机器人关节转动异常,机器人检测到力矩等参数超过理论值必然会发生报警;机器人在工作时力矩过大或焊接时电流过高超过某一限值时,必然会发生末端执行器功能的报警。因此,正确使用与精心维护机器人是杜绝或避免这类系统性故障的切实保障。

(2)随机性故障

随机性故障是指机器人在同样的条件下工作时偶然发生的一次或两次故障。由于随机性故障是在条件相同的状态下偶然发生的,因此,其原因分析与故障诊断较为困难。一般而言,这类故障的发生往往与安装质量、参数设定、元件品质、操作失误、维护不当及工作环境等诸因素有关。例如:连接插头没有拧紧;制作插头时出现虚焊等现象;线缆没有整理好或线缆质量不过关等都会引起随机性故障。

3. 按工业机器人发生故障的原因分类

按发生故障的原因不同,工业机器人故障可分为自身故障和外部故障。

(1)工业机器人自身故障

工业机器人自身故障是由机器人自身原因引起的,与外部使用环境无关。工业机器人所发生的绝大多数故障均属该类故障,主要指机器人本体、控制柜、示教器发生了故障。

(2)工业机器人外部故障

工业机器人外部故障是由外部原因造成的。例如:工业机器人的供电电压过低,电压波动过大,电压相序不对或三相电压不平衡;环境温度过高;有害气体、潮气、粉尘侵入数控系统;外来振动和干扰等均有可能使机器人发生故障。人为因素也可造成这类故障。例如:操作不当,发生碰撞后过载报警;操作人员不按时按量加注润滑油,造成传动噪声等。

二、故障诊断与排除的一般步骤和基本方法

1. 故障诊断与排除的一般步骤

工业机器人发生故障后，其诊断与排除思路大体是相同的，主要应遵循以下几个步骤，如图 2-3-3 所示。

视 频

控制柜故障排除技巧

图 2-3-3　控制柜故障排除的一般步骤

①调查故障现场，掌握故障信息。

当机器人发生故障时，维护维修人员对故障的确认是很有必要的，特别是在操作使用人员不熟悉机器人的情况下。此时，不应该也不能让非专业人士随意开动机器人，以免故障进一步扩大。

在机器人出现故障后，维护维修人员也不要急于动手处理。首先，要查看故障记录，向操作人员询问故障出现的全过程；其次，在确认通电对机器人系统无危险的情况下，再通电亲自观察。特别要注意以下故障信息：

a. 在故障发生时，报警号和报警提示是什么？有哪些指示灯和发光管报警？

b. 如无报警，机器人处于何种工作状态？机器人的工作方式和诊断结果如何？

c. 故障发生在哪个功能下？故障发生前进行了何种操作？

d. 故障发生时，机器人在哪个位置上？姿态有无异常？

e. 以前是否发生过类似故障？现场有无异常现象？故障能否重复发生？

f. 观察机器人的外观、内部各部分是否有异常之处？

②根据故障信息，明确故障的复杂程度。

列出故障部位的全部疑点，在充分调查和现场掌握第一手材料的基础上，把故障部位的全部疑点正确地罗列出来。

③分析故障原因，制定排除故障的方案。

在分析故障时，维修人员不应仅局限于某一部分，而要对机器人机械、电气、软件系统等方面都做详细的检查，并进行综合判断，制定出故障排除的方案，以达到快速确诊和高效率排除故障的目的。

④检测故障，逐级定位故障部位。

根据预测的故障原因和预先确定的排除方案，用试验的方法进行验证，逐级来定位故障部位，最终找出发生故障的真正部位。为了准确、快速地定位故障，应遵循“先方案后操作”的原则。

⑤排除故障。

根据故障部位及发生故障的准确原因，采用合理的故障排除方法，高效、高质量地修复机器人系统，尽快让机器人投入生产。

⑥排除故障后的资料整理。

故障排除后，应迅速恢复机器人现场，并做好相关资料的整理、总结工作，以便提高自己的业务水平，方便机器人后续的维护和维修工作。

2. 故障诊断与排除的基本方法

(1)观察检查法

①直观检查。直观检查指依靠人的感觉器官并借助于一些简单的仪器来寻找机器人故障原因的方法。这种方法在维修中是最常用的，也是首先采用的。有些故障采用这种方法可以迅速找到故障原因。

②预检查。预检查指维修人员根据自身经验，判断最有可能发生故障的部位，然后进行故障检查，进而排除故障。若能在预检查阶段就能确定故障部位，可显著缩短故障诊断时间，一些常见故障在预检查中即可发现并及时排除。

③电源、接地、插头连接检查。我国工业用电的电网波动较大，而电源是控制系统的能源主要供应部分，电源不正常，控制系统的工作必然异常。

机器人上所有的电缆在维修前应进行严格检查，看其屏蔽、隔离是否良好；按机器人技术手册对接地进行严格测试；检查各电路板之间的连接是否正确；接口电缆是否符合要求。

(2)参数检查法

工业机器人系统中有很多参数变量，这些是经过理论计算并通过一系列试验、调整而获得的重要数据，是保证机器人正常运行的前提条件。各参数变量一般存放于机器人的存储器中，一旦电池电量不足或受到外界的干扰等，可能会导致部分参数变量丢失或变化，使机器人无法正常工作。因此，检查和恢复机器人的参数，是维修中常用的方法之一。

(3)部件替换法

现代机器人系统大都采用模块化设计，按功能不同划分为不同的模块。电路的集成规模越来越大，技术也越来越复杂，按照常规的方法，很难将故障定位在一个很小的区域。在这种情况下，利用部件替换法可快速找到故障，缩短停机时间。

部件替换法是在大致确认了故障范围，并确认外部条件完全相符的情况下，利用相同的电路板、模块或元件来替代怀疑目标。如果故障现象仍然存在，说明故障与所怀疑目标无关；若故障消失或转移，则说明怀疑目标正是故障板。

部件替换法是电气修理中常用的一种方法，其主要优点是简单易行，能把故障范围缩小到相应的部件上，但如果使用不当，也会带来很多麻烦，造成人为故障。因此，正确使用部件替换法可提高维修工作效率和避免人为故障。

除了上面介绍到的三种主要使用的维修方法外，还有隔离法、升降温法、测量对比法等，维修人员在实际应用时应根据不同的故障现象加以灵活应用，逐步缩小故障范围，最终排除故障。

三、控制柜常见故障及排除方法

常用的控制柜有两种，标准型控制柜和紧凑型控制柜。两者的大部分的模块都是通用的。本任务以标准型控制柜为对象进行学习。

在控制柜各模块单元上，一般都有各类 LED 指示灯，它们能为故障排除提供重要的信息。可通过观察对应模块单元指示灯状态，配合故障排除流程图进行故障排除。以下列举几种控制柜常见故障及其排除方法。

动 画

控制柜常见故障与排除方法1

1. 启动故障排查

(1)无法正常启动

工业机器人系统不能正常启动,可能会有以下现象:

①任何单元上的 LED 均未亮起。

②接地故障保护跳闸。

③无法加载系统软件。

④FlexPendant 没有响应。

⑤FlexPendant 能够启动,但对任何输入均无响应。

⑥包含系统软件的磁盘未正确启动。

如果出现了启动故障,建议采取下列对策:

①确保系统的主电源通电并且在指定的极限之内。

②确保驱动模块中的主变压器正确连接现有电源电压。

③确保打开主开关。

④确保控制模块和驱动模块的电源供应没有超出指定极限。

⑤如果无 LED 亮起,则去检查:

a. 使用万用表测量输入的主电压,确保系统通电。

b. 检查主变压器连接。

c. 确保电路断路器 F6(如有使用)于位置 3 闭合。

⑥如果系统仍旧没有响应,则去检查:

a. 确保主电源工作正常,并且电压符合控制柜的要求。

b. 确保主变压器正确连接电源电压。

c. 确保控制柜内部的主电路熔断器(Q1)没有熔断。

⑦如果示教器没有响应,则去检查:

a. 确保系统已经打开并且示教器已经连接到控制柜。

b. 检查示教器电缆看是否存在任何损坏迹象。如有故障,请更换示教器。

c. 如有可能,通过连接不同的示教器进行测试以排除导致错误的示教器和电缆。

d. 如有可能,用不同的控制柜来测试示教器以排除控制柜不是错误源。

⑧如果 FlexPendant 启动,但是不与控制柜通信,则处理方法是:

a. 检查电源到主计算机的全部电缆,确保它们正确连接。

b. 确保 FlexPendant 与控制柜正确连接。

c. 检查控制柜中所有模块的各个 LED 指示灯。

d. 检查主计算机上的全部状态信号。

(2)编码器连接错误

编码器连接错误比较常见,经常发生在工业机器人开机时,且重启仍然报错。编码器连接错误排查步骤见表 2-3-1。

表 2-3-1 编码器连接错误排查步骤

序 号	现 象	可能的原因	对应处理方法
1	示教器报错:编码器连接错误	编码器线缆故障	上一次关机前正常,编码器坏掉的可能性不大。那么关机,先检查与本体连接的编码器线和动力线插头是否有松动,插头插针是否正常,若正常,继续下一步

续表

序　号	现　　象	可能的原因	对应处理方法
2	示教器报错：编码器连接错误	编码器线缆未连接	检查柜内与报错伺服连接的编码器线缆插头，动力线插头，重新插拔还不能解决，就进入下一步
3		伺服内部元件损坏	与没报错的伺服交换一下： ①若代码消失，则可能是线缆插头匹配问题。 ②若代码转移，则可能是原有线缆或者编码器问题。 ③若代码依旧，则可能是伺服内部元件损坏原因

（3）编码器电池等问题

编码器电池等问题的排查步骤见表2-3-2。

表2-3-2　编码器电池等问题排查步骤

序　号	现　　象	可能的原因	对应处理方法
1	工业机器人开机伺服报错，无法清除，重启依旧	排除电池本身的问题，多半与电池连接线有关	为防止不必要的困扰，先将机器人回到零位，若零位已丢，将其移动到机械零位，关机，然后进行下一步
2			打开本体后盖，用万用表测各电池电压，电压若明显小于额定电压，则需更换电池。若电压正常，检查电池连接线接头是否松动，重新压紧
3			重启，第一次代码还在，再次重启，若零点丢了，重新回零

动　画

控制柜常见故障及排除方法2

2. 运行故障排查

（1）控制柜没有响应

控制柜没有响应，使用示教器无法操作工业机器人系统。控制柜没有响应的排查步骤见表2-3-3。

表2-3-3　控制柜没有响应排查步骤

序　号	现　　象	可能的原因	对应处理方法
1	工业机器人控制柜没有响应	控制柜未连接主电源	检查主电源工作是否正常，并且电压符合控制柜的要求
2		主变压器出现故障或者连接不正确	检查主变压器是否正确连接电源电压
3		主熔断器（Q1）可能已经断开	检查确认驱动模块中的主熔断器（Q1）没有断开
4		控制模块和驱动模块之间没有连接	如果在控制模块正常工作并且驱动模块主开关已经打开的情况下，驱动模块仍无法启动，请检查确保驱动模块和控制模块之间的所有连接正确

（2）控制柜性能不佳

控制柜性能不佳，似乎无法正常工作，但又没有完全“死机”。控制柜性能不佳的排查步骤见表2-3-4。

表 2-3-4 控制柜性能不佳排查步骤

序 号	现 象	可能的原因	对应处理方法
1	程序执行迟缓，看上去无法正常执行并且有时停止	程序仅包含过于复杂的逻辑指令，造成程序循环过快，使处理器过载	检查程序是否包含逻辑指令
2		I/O 更新间隔设置为低值，造成频繁更新和过高的 I/O 负载	检查每个 I/O 板的 I/O 更新时间间隔值是否设置太低
3		内部系统交叉连接和逻辑功能使用太频繁	检查 PLC 和机器人系统之间是否有大量的交叉连接或 I/O 通信
4		外部 PLC 或者其他监控计算机对系统寻址太频繁，造成系统过载	尝试以事件驱动指令而不是使用循环指令编辑 PLC 程序

(3)控制柜上的所有 LED 都熄灭

控制模块或驱动模块上根本没有相应的 LED 亮起，系统可能不能操作或者根本没有启动。控制柜上的所有 LED 都熄灭的排查步骤见表 2-3-5。

表 2-3-5 控制柜上的所有 LED 都熄灭排查步骤

序 号	现 象	可能的原因	对应处理方法
1	控制柜上的所有 LED 都熄灭，系统可能不能操作或者根本没有启动	未向系统提供电源	检查主开关是否已打开，确保系统通电
2		主变压器没有连接正确的主电压	检查主变压器连接（在各终端上有标记电压，确保它们符合市电要求）
3		电路断路器 F6（位置见图 2-3-4）有故障或者因为任何其他原因开路	检查并确保电路断路器 F6 于位置 3 闭合
4		接触器 K41（位置见图 2-3-4）故障或者因为其他原因断开	①检查并确保接触器 K41 处于开路状态并在执行指令时闭合。 ②从驱动模块电源断开连接器 X1，并测量进入的电压（在 X1.1 和 X1.5 针脚之间测量，电压为 AC 230 V）。 ③如果电源输入电压正确，但 LED 仍没有工作，更换驱动模块电源

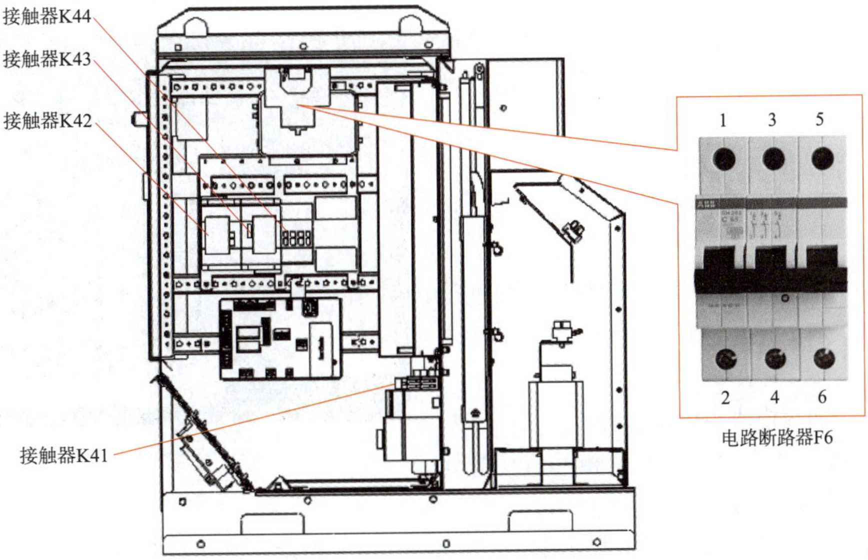

图 2-3-4 控制柜部分接触器及电路断路器 F6 的位置

(4)I/O 相关故障

指示灯不亮，DO 输出正确，外部信号输入至 DI，对应指示灯不亮。I/O 相关故障的排查步骤见表 2-3-6。

表 2-3-6　I/O 相关故障排查步骤

序　号	现　　象	可能的原因	对应处理方法
1	DO 输出正确，外部信号输入至 DI，对应指示灯不亮，信号可以正常收发	转接板指示灯故障	更换转接板卡
2	DO 输出正确，外部信号输入至 DI，对应指示灯不亮，不能实现收发信号	24 V 供电断开	检查 24 V 供电是否正常，熔断器是否断开
		I/O 板卡损坏	若电压正常，则检查 I/O 板卡是否损坏，测量对应端口是否有电压。若无电压，则 I/O 板卡损坏，需进行更换
		转接板损坏	若上述均正常，转接板损坏，需进行更换

(5)示教器启动问题

示教器启动出现问题，无法工作，完全或间歇性"死机"。示教器启动问题的排查步骤见表 2-3-7。

表 2-3-7　示教器启动问题排查步骤

序　号	现　　象	可能的原因	对应处理方法
1	系统不能用示教器操作	示教器没有与控制柜连接	检查确保示教器连接到控制柜
2		系统未开启	检查确保系统已经打开
3		到控制柜的电缆被损坏	检查 FlexPendant 电缆看是否存在任何损坏迹象（如有故障，更换线缆）
4		电缆连接器被损坏	通过连接不同的示教器进行测试，以排除导致错误的示教器和电缆
5		示教器控制柜的电源出现故障	用不同的控制柜来测试示教器，以排除控制柜不是错误源

前面介绍过可通过对模块上的 LED 状态指示灯进行状态识别，配合故障排除流程图进行故障排除。

(6)主计算机的故障诊断

主计算机模块就好比机器人的大脑，位于控制柜的正上方，如图 2-1-8 所示。

LED 状态指示灯位于主计算机的中央位置，如图 2-3-5 所示。通过 LED 状态指示灯可以判断计算机模块故障，见表 2-3-8。

(7)安全面板模块的故障诊断

安全面板模块主要负责安全相关信号的处理，位于控制柜的右侧，如图 2-1-8 所示。

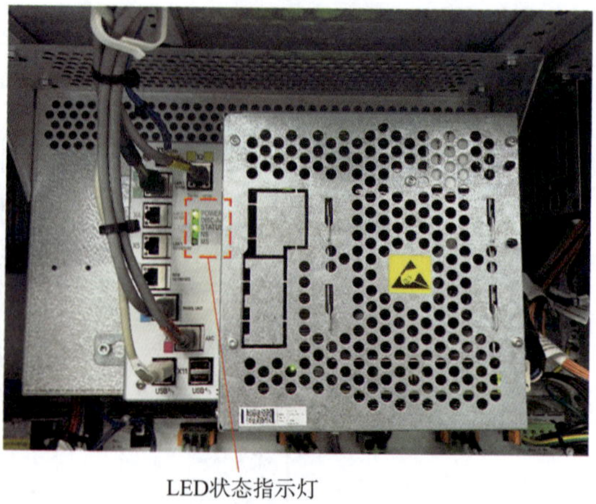

图 2-3-5　LED 状态指示灯位置

LED 状态指示灯位于安全面板模块的右侧，如图 2-3-6 所示。通过 LED 状态指示灯可以判断安全面板模块故障，见表 2-3-9。

表 2-3-8　通过 LED 状态指示灯判断主计算机故障

LED 灯名称	LED 灯状态	含　义
POWER	熄灭	正常启动时,计算机单元内的 COM 快速模块未启动
	长亮	正常启动完成后
	短闪 1 ~4 下后熄灭 1 s,如此往复持续到电源关闭为止	启动期间遇到故障。可能是电源、FPGA 或 COM 快速模块故障
	闪烁 1 ~5 下后快速闪烁 20 下,如此往复持续到电源关闭为止	运行时电源故障。请重启控制柜后检查主计算机电源电压
DISC-Act	闪烁	正在读写 SD 卡
STATUS	启动时,红色长亮	正在加载 bootloader
	启动时,红色闪烁	正在加载镜像数据
	启动时,绿色闪烁	正在加载 RobotWare
	启动时,绿色长亮	系统启动完成
	红色长亮或闪烁	检查 SD 卡
	绿色闪烁	查看示教器上的信息提示

图 2-3-6　LED 状态指示灯位置

表 2-3-9　通过 LED 状态指示灯判断安全面板故障

LED 灯名称	LED 灯状态	含　义
Epwr	绿色闪烁	串行通信错误,检查与主计算机的通信连接
	绿色长亮	运行正常
	红色闪烁	系统上电自检中
	红色长亮	出现串行通信错误以外的错误
EN1	长亮	信号 ENABLE1 =1 且 RS 通信正常
AS1	长亮	自动停止安全链 1 正常
AS2	长亮	自动停止安全链 2 正常
GS1	长亮	常规停止安全链 1 正常
GS2	长亮	常规停止安全链 2 正常
SS1	长亮	上级停止安全链 1 正常
SS2	长亮	上级停止安全链 2 正常
ES1	长亮	紧急停止安全链 1 正常
ES2	长亮	紧急停止安全链 2 正常

(8)轴计算机模块的故障诊断

轴计算机单元模块用于接收主计算机的运动指令和串行测量板(SMB)的机器人位置反馈信号,然后发出驱动机器人运动的指令给驱动单元模块,位于控制柜的右侧的位置,如图 2-1-8 所示。

LED 状态指示灯位于轴计算机模块的右侧的位置。如图 2-3-7 所示。通过 LED 状态指示灯可以判断轴计算机模块的故障,见表 2-3-10。

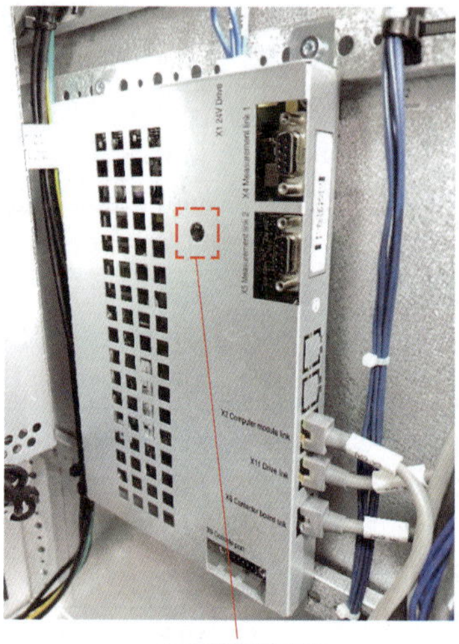
LED状态指示灯

图 2-3-7　LED 状态指示灯位置

(9)用户 I/O 电源模块的故障诊断

用于 I/O 电源模块用于为控制柜里的 I/O 模块提供直流电源,位于控制柜的左上方的位置,如图 2-1-8 所示。

LED 状态指示灯位于用户 I/O 电源模块的中间靠上的位置。如图 2-3-8 所示。通过 LED 状态指示灯可以判断用户 I/O 电源模块的故障,见表 2-3-11。

表 2-3-10　通过 LED 状态指示灯判断轴计算机模块故障

LED 灯名称	LED 灯状态	含　义
状态 LED	红色长亮	启动时间,表示正在上电中。 运行期间,轴计算机无法初始化基本的硬件
	红色闪烁	启动期间,建立与主计算机的连接并将程序加载到轴计算机。 运行期间,与主计算机的连接丢失,主计算机启动问题或者 RobotWare 安全问题
	绿色闪烁	启动期间,轴计算机程序启动并连接外围单元。 运行期间,与外围单元的连接丢失或者 RobotWare 启动问题
	绿色长亮	启动期间,启动过程中。 运行期间,正常运行
	不亮	轴计算机没有电或者内部错误(硬件/固件)

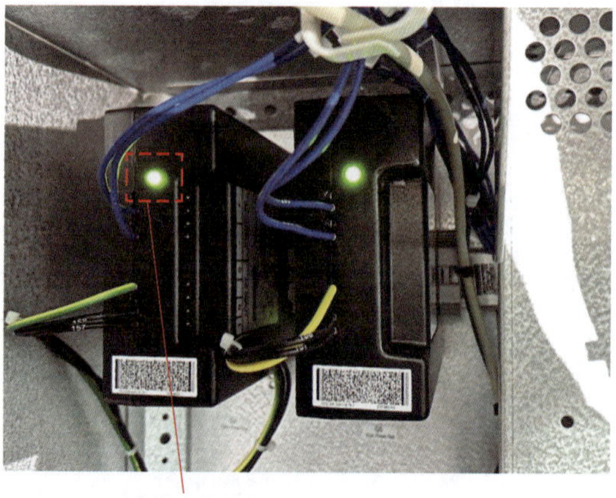
LED状态指示灯

图 2-3-8　LED 状态指示灯位置

表 2-3-11　通过 LED 状态指示灯判断用户 I/O 电源模块故障

LED 灯名称	LED 灯状态	含　义
状态 LED	绿色长亮	正常
	熄灭	直流电源输出异常或输入异常

（10）接触器模块的故障诊断

接触器模块用于控制机器人各轴电动机的上电与控制机制的，位于控制柜的左侧的位置，如图 2-1-8 所示。

LED 状态指示灯位于接触器模块的右边的位置，如图 2-3-9 所示。通过 LED 状态指示灯可以判断接触器模块的故障，见表 2-3-12。

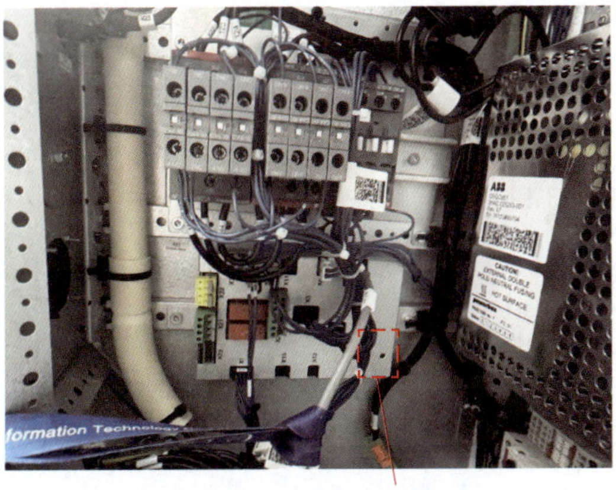

图 2-3-9　LED 状态指示灯位置

表 2-3-12　通过 LED 状态指示灯判断接触器模块故障

LED 灯名称	LED 灯状态	含　义
状态 LED	绿色闪烁	串行通信出错
	绿色长亮	正常
	红色闪烁	正在上电/自检模式中
	红色长亮	出现错误

任务实施

根据工业机器人本体在运动过程中出现的故障现象，模拟企业真实工作场景，3 名同学为一组，2 名同学依据所学内容，查找分析原因，并按操作步骤完成工业机器人控制柜故障的处理。另外 1 名同学进行监督和评分，并详细记录工业机器人控制柜故障分析与排除表（见表 2-3-13）。

一、准备工作

①正确穿戴安全防护设备。

②领取机器人本体维护保养常用工具（见表 1-2-2），以及电工胶带一卷、束线带若干、万用表一个、软布一块。

③进入现场前，确认设备处于断电停机状态。

二、故障诊断与排除

表 2-3-13　工业机器人控制柜故障分析与排除表

记录人员：　　　　　　　　　　　　操作人员：　　　　　　　　　　　　日期：

序号	工作内容	关键流程	任务结果	出现的问题	解决办法
1	示教器报错：编码器连接错误	①关机，先检查与本体连接的编码器线和动力线插头是否有松动，插头插针是否正常，若正常，继续下一步	□完成 □未完成		
		②检查柜内与报错伺服连接的编码器线缆插头，动力线插头，重新插拔还不能解决，就进入下一步	□完成 □未完成		
		③与没报错的伺服交换一下： a. 若代码消失，则可能是线缆插头匹配问题。 b. 若代码转移，则可能是原有线缆或者编码器问题。 c. 若代码依旧，则可能是伺服原因	□完成 □未完成		
2	程序执行迟缓，看上去无法正常执行并且有时停止	①检查程序是否包含逻辑指令	□完成 □未完成		
		②确保每个 I/O 板的 I/O 更新时间间隔值没有太低	□完成 □未完成		
		③检查 PLC 和机器人系统之间是否有大量的交叉连接或 I/O 通信	□完成 □未完成		
		④尝试以事件驱动指令而不是使用循环指令编辑 PLC 程序	□完成 □未完成		
3	控制柜上的所有 LED 都熄灭	①确保主开关已打开	□完成 □未完成		
		②确保系统通电	□完成 □未完成		
		③检查主变压器连接	□完成 □未完成		
		④在各终端上标记电压。确保它们符合市电要求	□完成 □未完成		
		⑤确保电路断路器 F6 于位置 3 闭合	□完成 □未完成		
		⑥确保接触器 K41 处于开路状态并在执行指令时闭合	□完成 □未完成		
		⑦从驱动模块电源断开连接器 X1 并测量进入的电压(在 X1.1 和 X1.5 针脚之间测量)	□完成 □未完成		
		⑧如果电源输入电压正确(AC 230 V)但 LED 仍没有工作，更换驱动模块电源	□完成 □未完成		

三、任务结束

①归还工具。

②归还安全防护设备。

③提交维修记录表。

任务评价

任务评价见表 2-3-14。

表 2-3-14 任务评价表

序号	评价内容	评价标准	分数	评分记录		
				学生自评	组间互评	教师评分
1	示教器报错故障排查	①不能够查出编码器连接错误原因，扣10分。 ②能查出原因，但不会进行故障排除，扣10分	20			
2	程序运行故障排查	①不能够查出程序运行故障原因，扣10分。 ②能查出原因，但不会进行故障排除，扣10分	20			
3	控制柜故障排查	①不能确定控制柜电压是否符合用电要求，扣10分。 ②不能够查出控制柜 LED 灯不亮原因，扣10分。 ③能查出原因，但不会进行故障排除，扣10分	30			
4	安全生产	①劳动保护用品穿戴不整齐，扣5分。 ②操作中，未遵守操作规程，违反安全文明生产中设备操作、设备调试、用电安全知识，扣10分。 ③操作结束未清理现场，扣5分	20			
5	学生考勤情况	无迟到、早退、旷课	5			
6	工作态度	态度认真、团队合作、任务完成质量良好（字迹工整、问题及解决办法描述清晰）	5			
总分			100			

巩固练习

一、选择题

1. 工业机器人保养时限达到 2 年时，除常规保养外，还需进行（　　）

A. 控制柜的通风　　B. 检查连接本体的电缆

C. 检查连接示教器的电缆　　D. 更换控制柜电池

2. 工业机器人编码器出现故障时，可能会导致机器人的运动精度下降，（　　）方法不能用于检测编码器的故障。

A. 观察编码器的外观是否有损坏或松动的部件

B. 使用万用表测量编码器的输出信号是否正常

C. 通过机器人控制系统的诊断功能检查编码器的状态

D. 直接更换编码器，看是否能解决问题

二、填空题

1. 工业机器人控制柜的故障分为__________和__________。

2. 硬件故障又主要分为按__________分类和按__________分类两种故障排除方式。

三、简答题

1. 请写出控制柜故障排查的一般操作步骤。

2. 机器人开机时显示编码器连接错误(前一次关机正常),且重启仍报错。请列举出可能的原因及故障排除方法。

拓展阅读

陈永伟:用匠心守护核电之芯

陈永伟,这位核电站的守护者,在核电站最深处,默默地守护核电站的运营安全。他的职责重大而艰巨,负责核电站内大大小小超过一万个仪表盘的维修与测量工作。这些仪表盘如同核电站的神经系统,每一个细微的波动都牵动着整个核电站的安全与稳定。而陈永伟,就是确保这些“神经”畅通无阻的维修技师。

在核电站的心脏地带,反应堆堆芯在充满冷却剂的液体环境中持续运行。由于外围被厚厚的金属壁所包裹,我们无法直接窥见其内部状态,只能依靠传感器来捕捉并反映其运行状态。而传感器膜片的精准定位,则是反应堆堆芯维护工作中最为关键的一环。陈永伟深知这一点,他面对的挑战是:膜片处于完全密封的状态,肉眼无法直接观察,只能依靠两根高度差仅有0.5 mm的小针进行定位。这要求他不仅要具备高超的技艺,还需要双手之间的协调与精准配合。

为了不断提升自己的技艺,陈永伟与同事们共同搭建了一个高达25 m的模拟平台。在这个平台上,他们反复练习,不断挑战自我,只为在关键时刻能够准确无误地完成任务。

陈永伟对工作的精益求精,并非一蹴而就。他刚参加工作时的一次经历,让他深刻体会到了“细节决定成败”的道理。当时,师傅让他去查看一种测量仪器的精度,他因轻率而未能仔细核查便给出了答案。隔天,师傅的回复邮件如同一盆冷水,让他瞬间清醒。从那以后,他始终保留着那份邮件,时刻提醒自己无论大事小事都要多琢磨、多学习。

正是这种对工作的严谨态度和对知识的渴望,让陈永伟在不断地学习与摸索中逐渐成长为一名创新能手。他发明的16项自动化、智能化创新工具,不仅极大地提高了工作效率,还为企业创造了超过2亿元的价值。这些创新成果不仅是对他个人能力的肯定,更是对核电站安全运营的有力保障。

项目三

工业机器人本体维护与保养

项目导入

随着科学技术的不断发展,工业自动化水平逐步提高,工业机器人在制造业中的应用也越来越广泛。工业机器人一般应用在较为恶劣环境条件下,或工作强度和持续性要求较高的场合。虽然工业机器人设计较为规范和完善,集成度较高,故障率低,但仍须定期进行常规检查和预防性维护。常见的工业机器人有:串联关节式机器人,直角坐标式机器人,Delta 并联机器人,Scara 机器人等,本项目主要以关节式机器人(见图 3-0-1)为例进行展开。

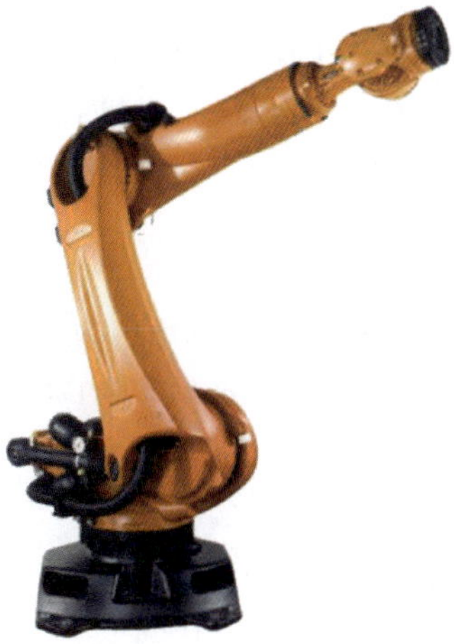

图 3-0-1　串联关节式机器人

知识导图

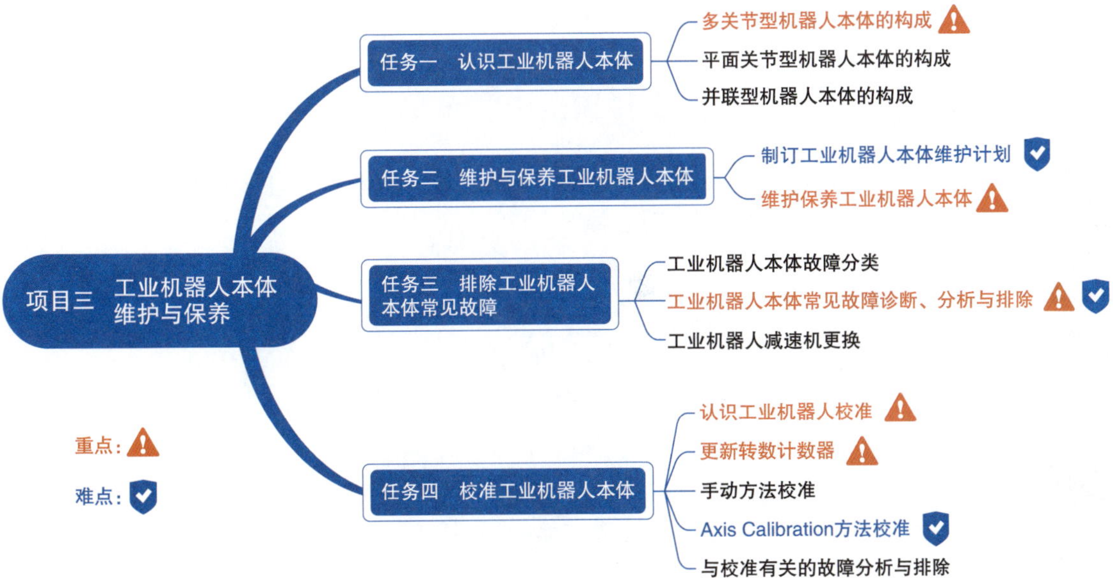

任务一　认识工业机器人本体

情景导入

某企业新进一批员工，老徐作为企业的老员工，需要对新进员工进行工业机器人机械结构的培训。请跟随新进员工一起进行企业入职培训中有关工业机器人本体构成认知内容的学习。

学习目标

一、知识目标

①了解多关节型机器人本体的构成。
②了解平面关节型机器人本体的构成。
③了解并联型机器人本体的构成。

二、能力目标

①能识别常见类型的机器人本体。
②能说出机器人本体的构成。

三、素养目标

①养成自主学习的习惯。
②培养团队合作的精神。

任务描述

本任务主要以ABB系列的多关节型机器人、平面关节型机器人和并联型机器人为研究对象，介绍常见类型的工业机器人本体构成，识读相关的技术图纸，区分结构的不同点。

核心知识

一、多关节型机器人本体的构成

视频 工业机器人本体认知

动画 工业机器人本体构成介绍

多关节型机器人本体的构成以IRB 120工业机器人本体为例，主要由基座、腰部结构、下臂结构、上臂结构和手腕结构组成，如图3-1-1所示。

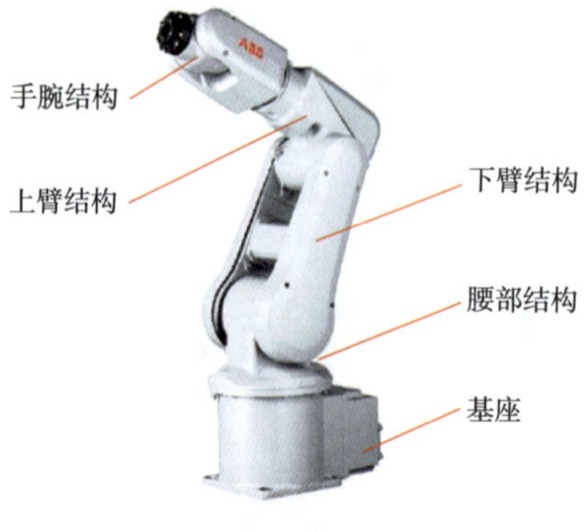

图3-1-1　IRB 120工业机器人本体构成

1. 多关节型机器人的基座、腰部结构

IRB 120 工业机器人的基座、腰部结构主要由基座、轴 1 与轴 2 的伺服电动机与减速箱、带有机械停止的摆动板和带有机械停止的摆动外壳等组成，如图 3-1-2 所示。

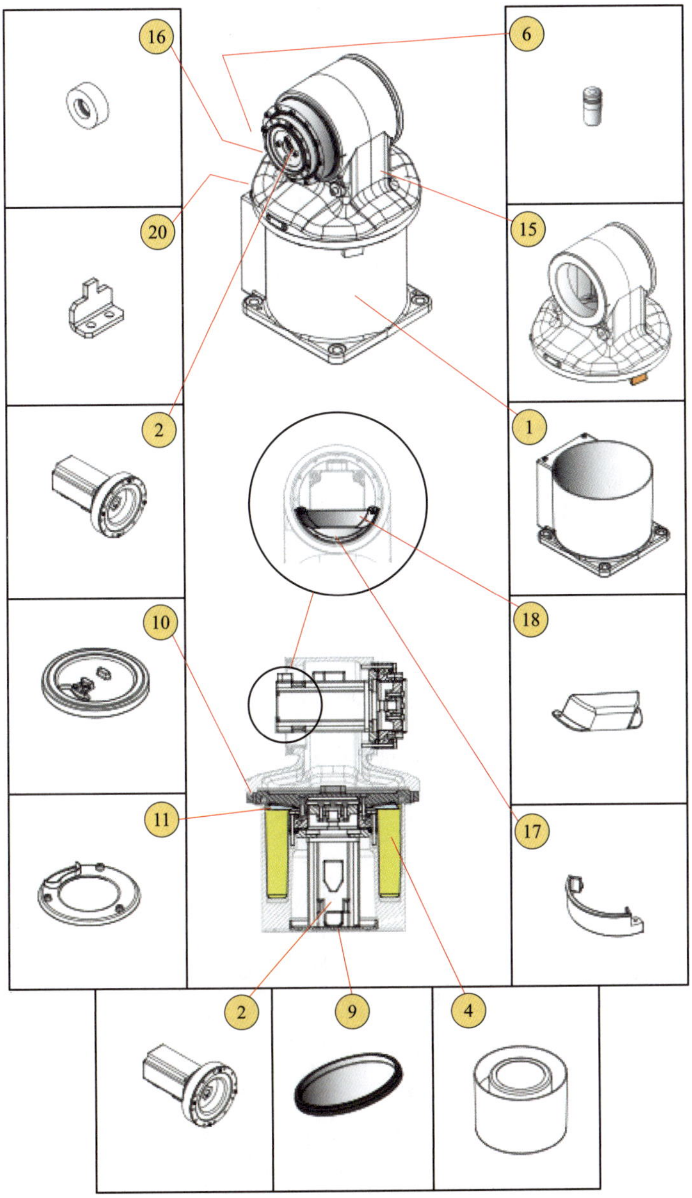

1—基座；2—伺服电动机与减速箱；4—电缆导向套；6—机械停止销；9—防尘圈；
10—带有机械停止的摆动板；11—电缆导向套；15—带有机械停止的摆动外壳；
16—阻尼器；17—电缆导向套；18—电缆导向套；20—校准支架。

图 3-1-2 IRB 120 工业机器人基座、腰部结构组成

2. 多关节型机器人的下臂结构

IRB 120 工业机器人的下臂结构主要由带有机械停止的下臂壳、带同步带带轮的伺服电动机和同步带等组成，如图 3-1-3 所示。

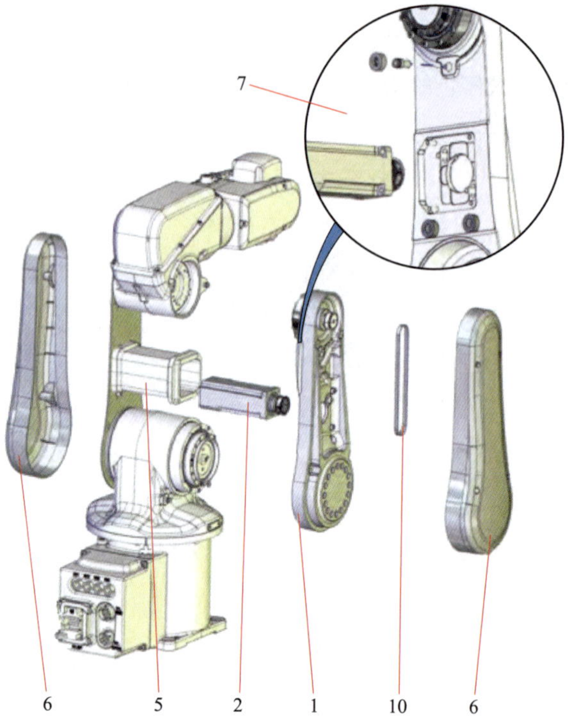

1—带有机械停止的下臂壳;2—带同步带带轮的伺服电动机;
5—伺服电动机盖;6—下臂盖;7—阻尼器;10—同步带。

图 3-1-3　IRB 120 工业机器人的下臂结构组成

IRB 120 工业机器人下臂平板组件由下臂平板和电缆护套组成,如图 3-1-4 所示。

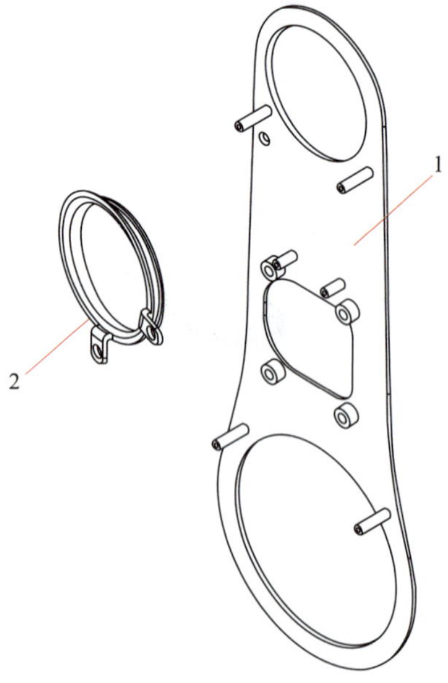

1—下臂平板;2—电缆护套。

图 3-1-4　IRB 120 工业机器人下臂平板组件构成

3. 多关节型机器人的上臂结构

IRB 120 工业机器人的上臂结构主要由上臂及轴、弧轴护盖和上臂外盖等组成，如图 3-1-5 所示。

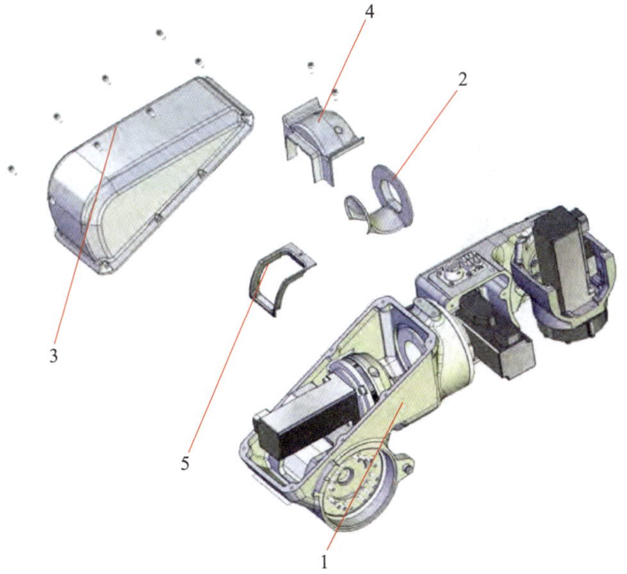

1—上臂及轴；2—弧轴护盖；3—上臂外盖；4—电缆保护套；5—外壳内盖。

图 3-1-5　IRB 120 工业机器人上臂结构组成

4. 多关节型机器人的手腕结构

IRB 120 工业机器人的手腕结构主要由带同步带带轮的轴 5 伺服电动机、轴 6 伺服电动机与减速箱、轴 5 的同步带和手腕壳等组成，如图 3-1-6 示。

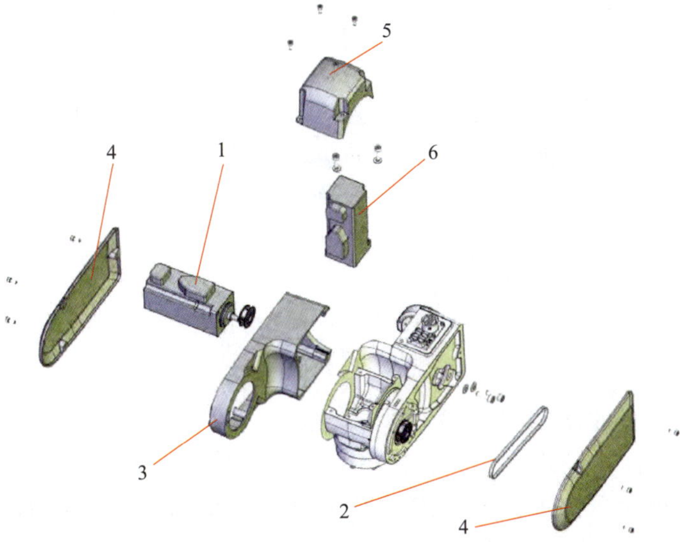

1—带同步带带轮的轴 5 伺服电机；2—轴 5 同步带；3—手腕壳；
4—手腕侧盖；5—手腕斜盖；6—轴 6 伺服电动机与减速箱。

图 3-1-6　IRB 120 工业机器人手腕结构组成

二、平面关节型机器人本体的构成

平面关节型机器人又称 SCARA 机器人，是圆柱坐标工业机器人的一种形式。以 IRB 910SC 工业机器人本体为例，平面关节型机器人本体主要由上臂、下臂和基座组成，如图 3-1-7 所示。

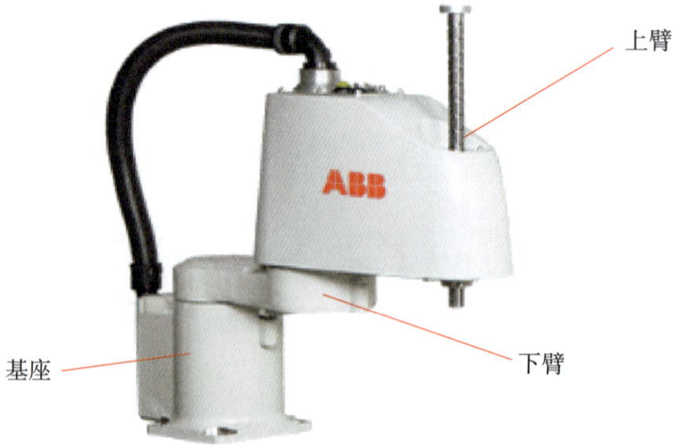

图 3-1-7　IRB 910SC 工业机器人本体构成

SCARA 机器人有 3 个旋转轴（轴 1、2、4），其轴线相互平行，在平面内可实现定位和定向。另一个轴（轴 3）是移动轴，用于完成机器人末端件在垂直于平面的方向运动。SCARA 工业机器人具有精度高，动作范围较大，坐标计算简单，结构轻便，响应速度快的特点。但因其负载较小，主要用于电子、分拣等领域。IRB 910SC 工业机器人本体各关节轴及轴的转向如图 3-1-8 所示。

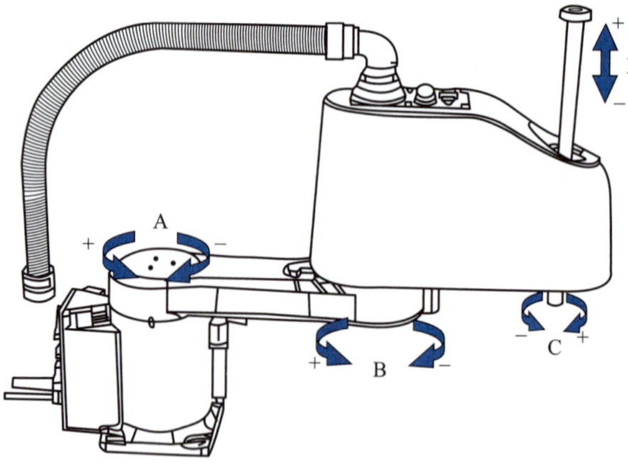

A—轴 1（旋转轴）；B—轴 2（旋转轴）；C—轴 4（旋转轴）；D—轴 3（移动轴）。

图 3-1-8　IRB 910SC 机器人本体各关节轴

SCARA 平面关节型机器人控制系统（SCARA 系统）在 X、Y 轴方向上具有顺从性，在 Z 轴方向上具有良好的刚度，此特性特别适合于装配工作。SCARA 的另一个特点是其串接的两杆结构，类似人的手臂，可以伸进有限空间中作业然后收回，适合搬动和取放物件，如集成电路板等。其紧凑的尺寸和高精度运动控制能力，使其在电子制造、实验室自动化和医药分配等领域表现优异。

1. 平面关节型机器人的上臂

IRB 910SC 工业机器人的上臂是其机械结构中的重要组成部分，负责连接下臂和末端执行器，并实现垂直方向（轴 3）和末端执行器旋转（轴 4）的运动。IRB 910SC 工业机器人的上臂主要由上臂盖及机械限位、上臂主体、轴 3 驱动单元部件和轴 4 驱动单元部件等组成。

(1)上臂盖及机械限位

IRB 910SC 工业机器人的上臂盖及机械限位,如图 3-1-9 所示。其中,上臂盖由上罩盖单元和下罩盖组成,上罩盖单元可防尘防杂物、美化外观并提供安装位,下罩盖与上罩盖单元协同防护,还能增强结构稳定性及便于维护,维护时需留意其是否损坏、变形与松动。机械限位通过在关节轴极限位置设置含聚氨酯的机械加工件,阻挡轴继续运动,保障机器人及周边安全,日常需定期点检,若被撞则要及时检查限位装置的损坏、变形及固定情况。

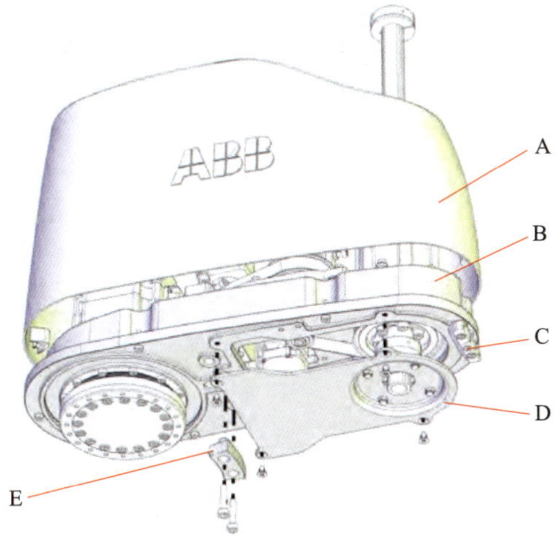

A—上罩盖单元;B—上臂主体;C—轴 3 和轴 4 校准点位;D—下罩盖;E—轴 2 机械限位块。

图 3-1-9　IRB 910SC 工业机器人上臂盖及机械限位

①上罩盖单元。上罩盖单元是上臂的顶部外壳,它通常由轻质且坚固的材料(如铝合金或工程塑料)制成。作为上臂的外部防护部件,上罩盖单元能够防止灰尘、杂物等进入上臂内部,避免其对内部的机械结构、电子元件等造成污染和损坏,确保上臂内部部件的正常运行,延长使用寿命。例如在一些粉尘较多的工业环境中,如果没有上罩盖的保护,粉尘可能会大量进入上臂,加速零件磨损。

②轴 2 机械限位块。当机器人 2 轴运动到这个位置时,机械限位装置会阻挡其继续运动,从而保护机器人自身以及周边设备和人员的安全,防止因机器人超出正常运动范围而发生碰撞、损坏等事故。

③下罩盖。下罩盖与上罩盖共同作用,形成一个相对封闭的空间,进一步加强对上臂内部部件的防护,防止异物从下方进入上臂内部。特别是在一些需要倒置或倾斜操作的场景中,下罩盖的防护作用更为重要。

(2)上臂主体

上臂主体是上臂的核心部分,通常由高强度的金属材料制成,如铝合金等,具有良好的强度和刚性,能够承受机器人在运动过程中产生的各种力和扭矩,保证上臂在工作时的稳定性和准确性。比如在进行高速搬运或装配操作时,上臂主体要能稳定地支撑和传递力量。其主要由电缆板、轴 2 驱动单元和滚珠丝杠花键单元等构成,如图 3-1-10 所示。

①电缆线束板,简称电缆板。电缆板是机器人内部电缆和信号线的管理部件,主要用于将电源、信号和数据传输到各个轴和末端执行器。IRB 910SC 的电缆板设计紧凑,能够有效减少电缆的

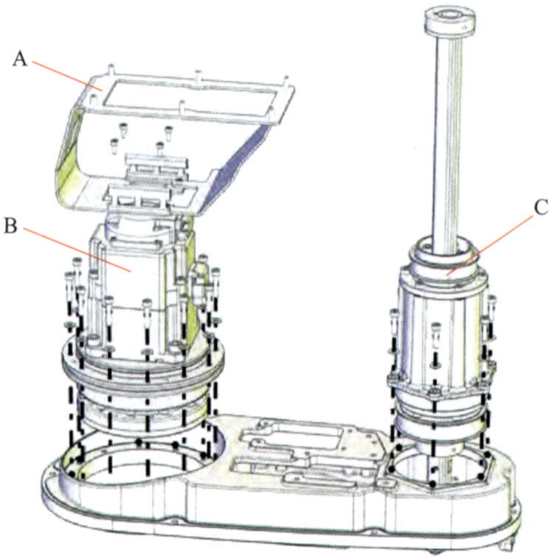

A—上臂电缆线束板；B—轴 2 驱动单元；C—滚珠丝杠花键单元。

图 3-1-10　IRB 910SC 工业机器人上臂主体

磨损和干扰，同时确保信号传输的稳定性。电缆板通常位于机器人基座或臂部内部，采用模块化设计，便于维护和更换。

②轴 2 驱动单元。轴 2 驱动单元是控制机器人下臂旋转运动的核心部件，负责驱动下臂实现水平伸展和收缩。IRB 910SC 的轴 2 驱动单元采用高性能伺服电机和精密减速器，确保运动的高精度和高动态性能。

③滚珠丝杠花键单元。滚珠丝杠花键单元是 IRB 910SC 机器人中用于实现高精度直线运动和旋转运动的关键部件。它结合了滚珠丝杠和花键轴的功能，能够在同一轴上同时实现线性运动和旋转运动。

电缆板、轴 2 驱动单元和滚珠丝杠花键单元协同工作，确保了 IRB 910SC 机器人在小件装配、物料搬运和检测等任务中的高效运行。电缆板提供稳定的信号传输，滚珠丝杠花键单元实现高精度运动，轴 2 驱动单元提供强大的驱动力，三者共同构成了机器人高精度和高可靠性的基础。

（3）轴 3 驱动单元部件

轴 3 驱动单元部件是实现上臂垂直运动（轴 3）的核心部件，主要由轴 3 同步带、轴 3 驱动单元和轴 3 同步带调整块等组件构成，如图 3-1-11 所示。

①轴 3 同步带。轴 3 同步带是连接驱动电机和滚珠丝杠的关键传动部件，负责将电机的旋转运动传递到滚珠丝杠，从而驱动上臂实现垂直运动。

②轴 3 驱动单元。轴 3 驱动单元是轴 3 运动的动力来源。

③轴 3 同步带调整块。轴 3 同步带调整块是用于调整同步带张紧度的部件，确保同步带在运行过程中保持

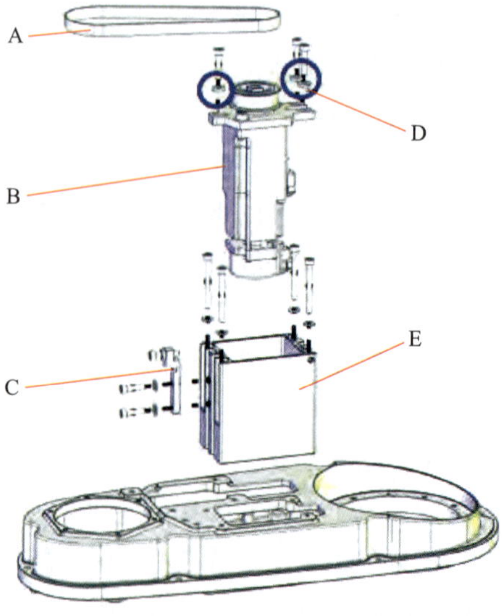

A—轴 3 同步带；B—轴 3 驱动单元；C—轴 3 同步带的调整块；D—垫圈；E—轴 3 驱动单元壳体。

图 3-1-11　轴 3 驱动单元部件

适当的张紧力。

(4)轴 4 驱动单元部件

轴 4 驱动单元部件是实现末端执行器(轴 4)旋转运动的核心部件,主要由轴 4 驱动单元、带空转轮的轴 4 壳体、轴 4 上部同步带和轴 4 下部同步带等组件构成,如图 3-1-12 所示。

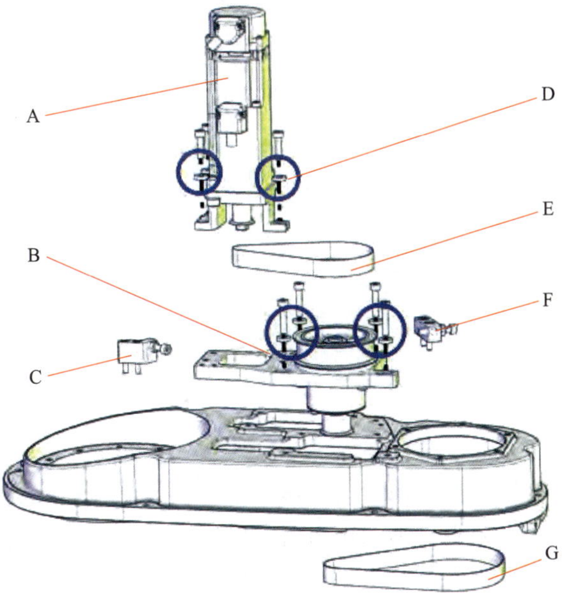

A—轴 4 驱动单元;B—带空转轮的轴 4 壳体;C—轴 4 上部同步带的调整块;
D—垫圈;E—轴 4 上部同步带;F—轴 4 下部同步带的调整块;G—轴 4 下部同步带。

图 3-1-12 轴 4 驱动单元部件

①轴 4 驱动单元。轴 4 驱动单元是轴 4 运动的动力来源。

②带空转轮的轴 4 壳体。轴 4 壳体是轴 4 驱动单元的外部结构,内部集成了空转轮,用于支撑和引导同步带的运动。

③轴 4 上部同步带。轴 4 上部同步带是连接驱动电机和上部传动机构的关键部件,负责将电机的旋转运动传递到末端执行器。

④轴 4 下部同步带。轴 4 下部同步带是连接驱动电机和下部传动机构的关键部件,与上部同步带协同工作,确保末端执行器的旋转运动。

2. 平面关节型机器人的下臂

下臂是连接基座和上臂的关键部件,负责实现机器人的水平伸展和旋转运动(轴 2)。下臂内部通常包含精密的传动装置和减速器,以确保高精度和重复定位精度。IRB 910SC 工业机器人的下臂由下臂主体、下臂盖等组成,如图 3-1-13 所示。

(1)下臂主体

下臂主体是下臂的核心支撑与运动部件,通常采用高强度铝合金或碳纤维等材料制成,在保证结构强度的同时,可有效减轻重量,以提高机器人的运动速度和灵活性。它为下臂上的电机、减速器、传动装置等其他部件提供安装基础和支撑,并且通过与其他关节和臂部的连接,实现机器人在空间中的各种运动姿态,以完成如小件装配、物料搬运和零件检测等任务。

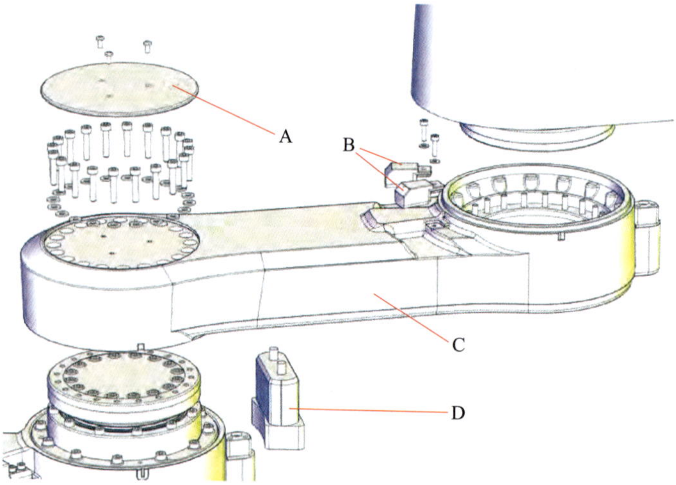

A—下臂盖；B—轴 2 橡胶机械限位；C—下臂主体；D—轴 1 机械限位块。

图 3-1-13　IRB 910SC 机器人的下臂构成

（2）下臂盖

下臂盖通常由塑料或金属薄板制成，主要作用是保护下臂内部的零部件，防止灰尘、油污、碎屑等杂质进入下臂内部，避免这些杂质对电机、传动部件、传感器等造成损坏或影响其性能。同时，也能在一定程度上起到防止操作人员误触内部运动部件，保障人员安全。

3. 平面关节型机器人的基座

基座是机器人的固定部分，为整个机器人提供稳定的支撑。基座内部包含驱动电机、传动系统和电气接口等，用于控制机器人的旋转运动（轴 1）。IRB 910SC 工业机器人的基座由轴 1 橡胶机械限位、基座底盖、轴 1 驱动单元、基坐标等组成，如图 3-1-14 所示。

（1）轴 1 橡胶机械限位

轴 1 橡胶机械限位是一种重要的安全保护装置，用于限制轴 1（基座旋转轴）的运动范围，防止机器人超出允许的旋转角度，从而避免机械损坏或意外事故。

（2）基座底盖

基座底盖是基座的底部外壳，主要用于保护内部机械和电气部件，同时提供安装接口。

（3）轴 1 驱动单元

轴 1 驱动单元用于控制轴 1（基座旋转）的运动。

（4）基坐标

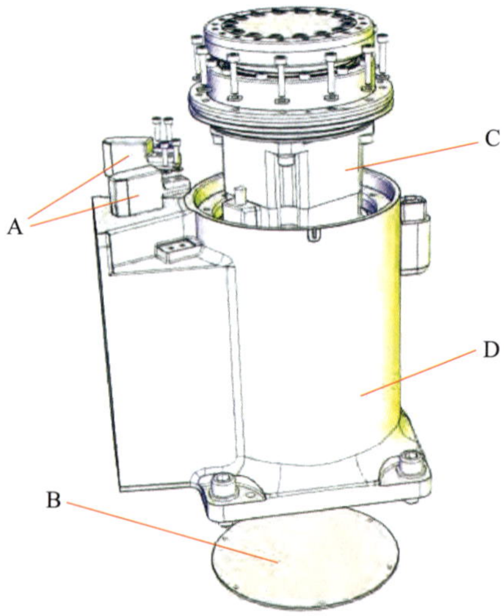

A—轴 1 橡胶机械限位；B—基座底盖；C—轴 1 驱动单元；D—基坐标。

图 3-1-14　IRB 910SC 机器人的基座构成

基坐标是机器人运动控制的参考点，通常位于基座的中心位置。它是机器人坐标系的原点，用于定义机器人各轴的运动范围和位置。

三、并联型机器人本体的构成

并联型机器人广泛应用于拾料和包装领域，其本体结构设计紧凑，具有高速度、高精度和高负载能力。并联型机器人本体的构成以 IRB 360 工业机器人本体为例，主要由轴 1 至轴 4 的关节组件、SMB 单元、伸缩传动轴、手臂、活动板、真空套件等组成。IRB 360 工业机器人本体构成如图 3-1-15 所示。

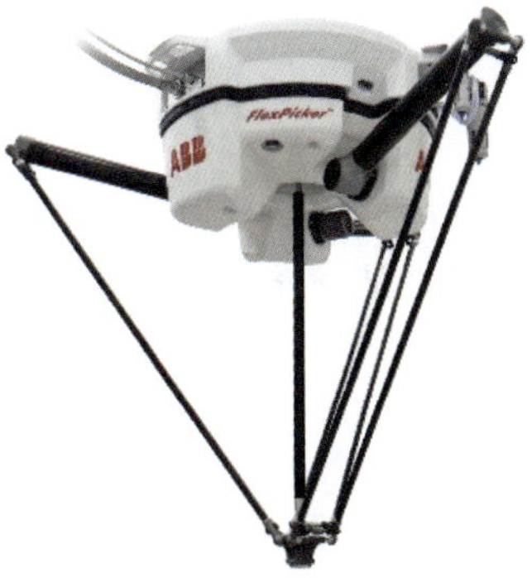

（a）实物图

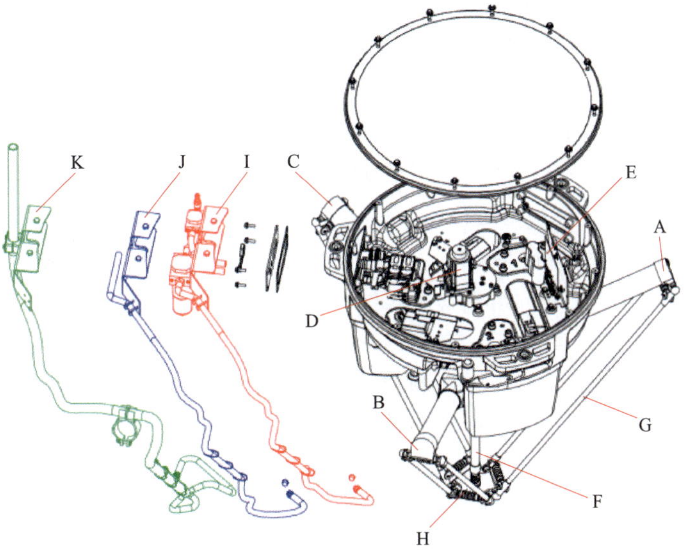

（b）结构图

A—轴 1；B—轴 2；C—轴 3；D—轴 4；E—SMB 单元；F—伸缩传动轴；G—手臂；H—活动板；I—真空套件；J—中型外壳组件；K—大型外壳组件。

图 3-1-15　IRB 360 工业机器人本体构成

1. 并联型机器人关节组件

IRB 360 工业机器人共有 4 个关节轴，分别为轴 1、轴 2、轴 3 和轴 4。

（1）轴 1 关节组件

轴 1、轴 2 和轴 3 关节组件结构是一样的，以轴 1 关节组件为例，由伺服电机与减速箱、O 形圈、磁堵等构成，如图 3-1-16 所示。

①伺服电机与减速箱。伺服电机是轴 1 关节的动力源，包括电机本体、编码器、连接线等，通过接收控制系统的指令，精确控制机器人的运动速度和位置。减速箱用于降低伺服电机的输出转速，同时增加输出扭矩，确保机器人关节的平稳运动和精准定位。

②O 形圈。O 形圈用于密封轴 1 关节的接口部位，防止灰尘、水分或其他污染物进入内部，确保组件的长期稳定运行。

③磁堵。磁堵用于吸附减速箱或关节内部的金属碎屑，防止其进入运动部件，造成磨损或损坏。

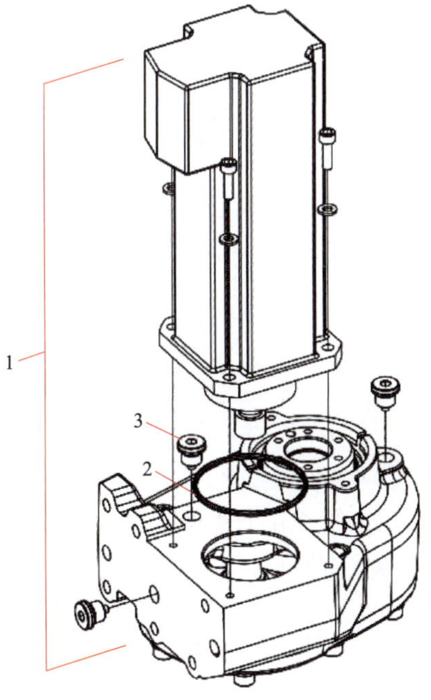

1—伺服电机与减速箱；2—O 形圈；3—磁堵。

图 3-1-16　IRB 360 工业机器人轴 1 关节组件

(2)轴4关节组件

轴4关节是IRB 360工业机器人末端执行器的关键运动部件,主要用于控制工具法兰的伸缩运动,确保拾取和放置动作的精确性。轴4关节主要由伺服电机与减速箱、O形圈、密封塞子(油堵)等构成,如图3-1-17所示。

①伺服电机与减速箱。伺服电机是轴4关节的动力源,通过接收控制系统的指令,精确控制工具法兰的伸缩运动。减速箱用于降低伺服电机的输出转速,同时增加输出扭矩,确保轴4关节的平稳运动和精准定位。

②O形圈。O形圈用于密封轴4关节的接口部位,防止灰尘、水分或其他污染物进入内部,确保组件的长期稳定运行。

③密封塞子(油堵)。密封塞子(油堵)用于封闭减速箱或关节内部的润滑油,防止润滑油泄漏,同时防止外部污染物进入。

2. 并联型机器人减速器部位的密封件

IRB 360工业机器人的轴1至轴3关节组件对应减速箱部位的密封件是一样的,均由减速箱外壳、密封圈和法兰衬垫组成,如图3-1-18所示。这种标准化设计不仅简化了维护和备件管理,还提高了机器人的可靠性和耐用性。

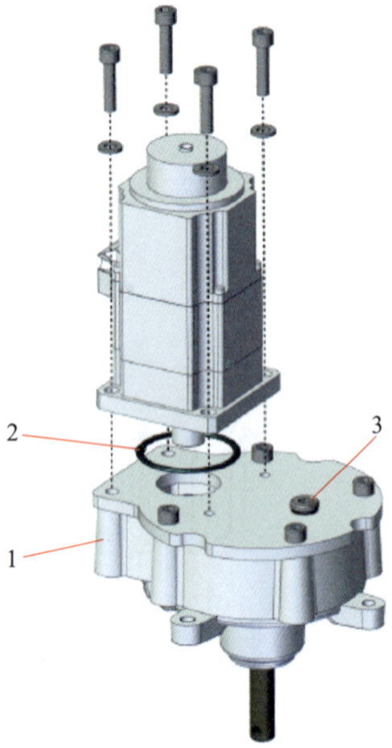

1—伺服电机与减速箱;2—O形圈;3—密封塞子(油堵)。

图3-1-17 IRB 360工业机器人轴4关节组件

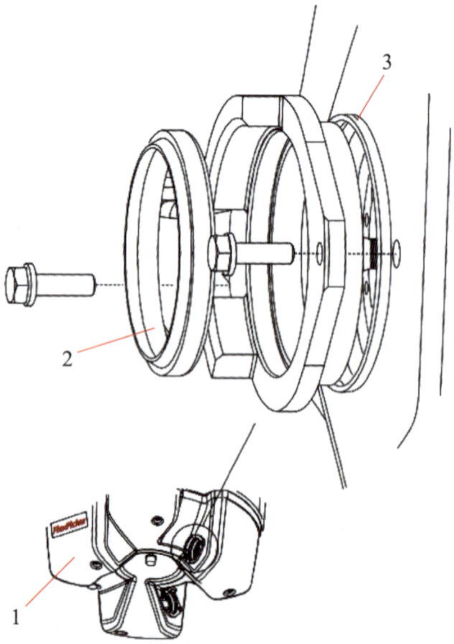

1—减速箱外壳;2—密封圈;3—法兰衬垫。

图3-1-18 IRB 360工业机器人减速箱部位的密封件

(1)减速箱外壳

减速箱外壳是密封结构的主体部分,用于保护内部齿轮和轴承,防止外部污染物进入。

(2)密封圈

密封圈安装在减速箱外壳与关节部件的接合处,用于防止润滑油泄漏和外部污染物(如灰尘、水分等)进入。

(3)法兰衬垫

法兰衬垫用于填充减速箱外壳与关节部件之间的间隙,确保接合面的密封性,同时减少振动和噪声。

3. 并联型机器人的基座

IRB 360 工业机器人的基座由空心 O 形环(底座盖)、螺钉、垫片、垫圈、法兰衬垫等组成,如图 3-1-19 所示。

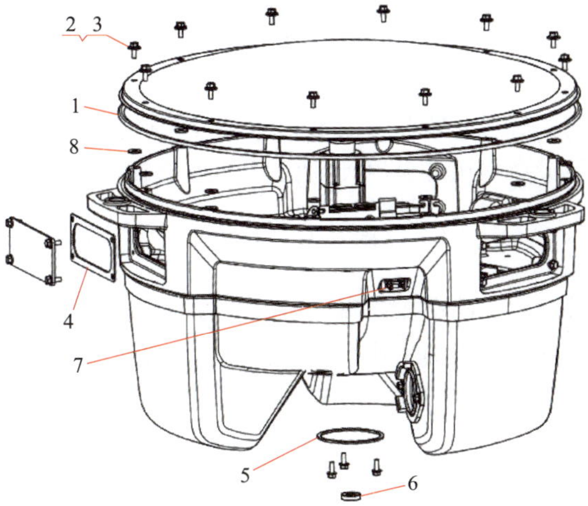

1—空心 O 形环(底座盖);2—螺钉;3—垫片;4—垫圈;
5—法兰垫圈;6—密封圈;7—校准标记;8—垫圈。

图 3-1-19 IRB 360 工业机器人基座

(1)空心 O 形环(底座盖)

作为基座的主要支撑结构,提供稳定性和刚性,确保机器人在运行中保持稳定。

(2)螺钉

用于固定各部件,确保基座整体结构的稳固性。

(3)垫片

用于调整部件间隙,确保安装精度,减少振动和磨损。

(4)垫圈

分散螺钉压力,防止松动,增强连接的可靠性。

(5)法兰衬垫

提供密封和减震功能,防止灰尘和液体进入,同时减少振动对机器人的影响。

4. 活动板

活动板作为 IRB 360 机器人传动系统的一部分,通常起到连接不同机械部件的作用,比如连接机器人的手臂连杆、关节等,通过自身的运动带动与之相连的部件进行相应的运动,实现机器人的整体运动功能,比如在物料搬运、装配等操作中,将动力传递至末端执行器以完成抓取、放置等动作。主要由带旋转装置的可移动板、关节球和滚珠轴承组成,如图 3-1-20 所示。

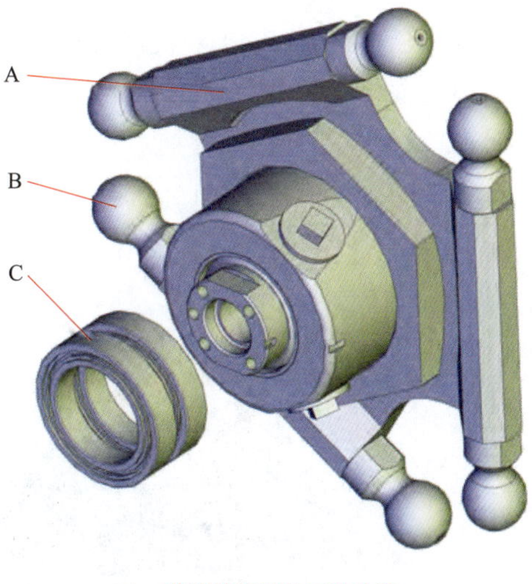

A—带旋转装置的可移动板;
B—关节球;C—滚珠轴承。

图 3-1-20 IRB 360 工业机器人活动板组成

(1)带旋转装置的可移动板

可移动板是活动板的核心部分,负责承载负载并实现多轴运动。通常采用高强度铝合金或碳纤维复合材料制成,具有质量轻、强度高的特点。板上设计有各种形状的孔和槽,用于安装其他部件以及与机器人的其他结构进行连接,同时减轻自身重量,提高机器人的运动性能。旋转装置使活动板能够在多个方向上灵活旋转,确保机器人能够完成复杂的动作。

(2)关节球

关节球是机器人手臂的关键运动部件,通常位于关节连接处,它主要用于连接活动板与机器人的其他关节或连杆,提供灵活的运动自由度,使活动板能够在多个方向上摆动和旋转,增强机器人的运动范围。

(3)滚珠轴承

滚珠轴承用于减少摩擦,确保活动板在高速运动中的平稳性和精度。滚珠轴承能够承受一定的径向载荷和轴向载荷,根据机器人的工作要求和活动板的受力情况,选择合适规格和类型的滚珠轴承可以确保活动板在承受较大负荷时仍能保持稳定的运动。

任务实施

模拟企业真实工作场景,3 名同学为一组,2 名同学根据上述工业机器人本体相关知识进行工业机器人本体认知实训,另外 1 名同学进行监督和评分,并详细记录工业机器人本体构成统计表。

一、准备工作

①领取安全防护装备。

②正确穿戴安全帽和安全鞋。

二、认识 ABB 工业机器人本体

查阅 ABB 官方技术手册,通过观察实训室中的相关设备,核对工业机器人的本体结构组成。

①首先观察工业机器人本体由哪些部分构成。

②然后近距离观察工业机器人本体各组成部分的内部结构。

③观察机器人本体上的铭牌,记录设备的型号和参数等,填写工业机器人本体构成统计表(见表 3-1-1)。

表 3-1-1　ABB 工业机器人本体构成统计表

序　号	本　　体	构成部件名称	数量和参数
1	 IRB 120		

续表

序　号	本　　体	构成部件名称	数量和参数
2	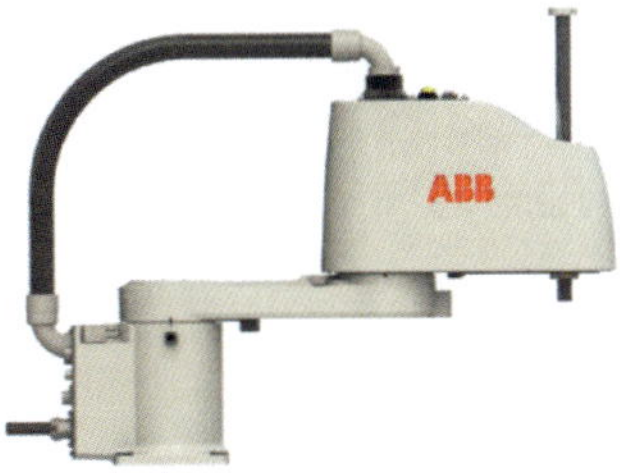IRB 910SC		
3	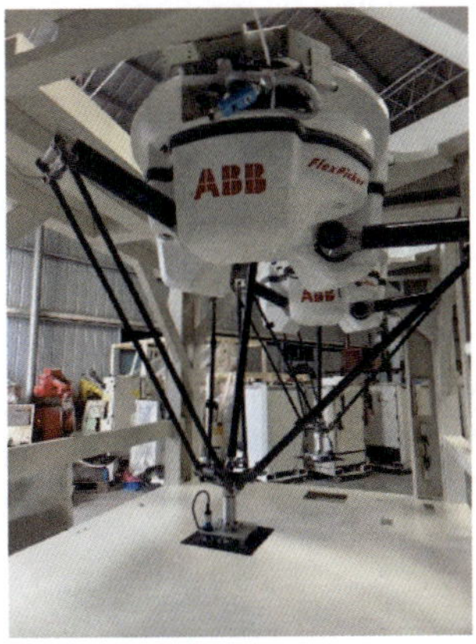IRB 360		

三、任务结束

①归还安全防护装备。

②提交工业机器人本体构成统计表。

任务评价

任务评价见表 3-1-2。

表 3-1-2　任务评价表

序号	评价内容	评价标准	分数	评分记录		
				学生自评	组间互评	教师评分
1	多关节型机器人本体 IRB 120 的构成	正确写出多关节型机器人 IRB 120 本体的基座、腰部结构、上臂结构、下臂结构、手腕结构名称和数量参数，共 5 项，错一项扣 5 分，扣完为止	25			
2	平面关节型机器人本体 IRB 910SC 的构成	正确写出平面关节型机器人 IRB 910SC 本体的基座、上臂结构、下臂结构名称和数量参数，共 3 项，错一项扣 5 分，扣完为止	15			
3	并联型机器人本体 IRB 360 的构成	正确写出并联型机器人 IRB 360 本体的关节组件、减速箱部件的密封件、基座和手臂系统名称和数量参数，共 4 项，错一项扣 5 分，扣完为止	20			

续表

序号	评价内容	评价标准	分数	评分记录		
				学生自评	组间互评	教师评分
4	安全生产	①劳动保护用品穿戴不整齐，扣5分 ②操作中，未遵守操作规程，违反安全文明生产中设备操作、设备调试、用电安全知识，扣10分 ③操作结束未清理现场，扣5分	20			
5	学生考勤情况	无迟到、早退、旷课	10			
6	工作态度	态度认真、团队合作、任务完成质量良好（字迹工整、计算正确）	10			
总分			100			

巩固练习

一、选择题

1. 工业机器人本体的机械结构多种多样，（　　）是其机械结构的组成。

A. 手部和腕部　　B. 臂部和腰部　　C. 基座　　D. 以上都是

2. 对机器人基座固定的方法，说法正确的是（　　）

A. 使用内六角扳手按顺时针依次拧紧基座紧固螺钉

B. 使用内六角扳手按逆时针依次拧紧基座紧固螺钉

C. 使用内六角扳手对角拧紧基座紧固螺钉

D. 使用内六角扳手拧紧基座紧固螺钉即可，无须特定顺序

二、填空题

1. 多关节型机器人本体的构成主要由__________、腰部结构、下臂结构、__________和__________组成。

2. IRB 120工业机器人的下臂结构主要由带有机械停止的下臂壳、__________和__________组成。

3. 并联型机器人IRB 360本体的__________、基座、减速箱部件的密封件和__________。

三、简答题

1. 简述多关节机器人的本体构成。

2. 简述平面关节型机器人的本体构成。

任务二　维护与保养工业机器人本体

情景导入

工厂内的一批工业机器人本体设备，已经到达了维护与保养的阶段，需要技术员对这些设备

进行维护与保养，保证机器人在生产线上能保持最佳性能，减少非常规停机故障等不必要麻烦，延长机器人的使用寿命。

学习目标

一、知识目标

①了解工业机器人本体的维护内容。
②掌握工业机器人本体的维护方法。

二、能力目标

①会制订工业机器人本体的维护计划。
②能对工业机器人本体相关部件进行维护保养。

三、素养目标

①养成仔细认真的工作态度。
②具备持续学习和更新工业机器人维护知识的能力。

任务描述

以 ABB IRB 120 工业机器人本体为研究对象，根据本体维护的计划表，掌握工业机器人本体相关的维护保养方法与技巧。

核心知识

一、制订工业机器人本体维护计划

工业机器人需要进行定期维护才能确保其功能正常，具体的日常维护请参照任务实施表中的点检表。以 IRB 120 工业机器人本体为例，其本体维护计划见表 3-2-1，表中对所需的维护活动和时间间隔进行了明确说明。

表 3-2-1　IRB 120 工业机器人本体维护计划

维护活动	设　备	时间间隔	要　求
清洁	机器人本体	定期	清洁
检查	机器人本体外观	定期 i，而对于 Clean Room（洁净室）机器人则是每日	检查异常磨损或污染
检查	轴 1、2 和 3 处的阻尼器	定期	检查异常磨损或弯曲
检查	电缆线束	定期	检查异常磨损或污染
检查	同步带	36 个月	检查同步带张力
检查	塑料盖	定期	检查异常磨损或污染
检查	机械停止销	定期	检查异常磨损或损坏
检查	信息标签	12 个月	检查或更换任何损坏、缺失或无法读取的标签
更换	电池组	36 个月或者电池低电量警告	更换电池组
更换	润滑脂/油	累计使用 10 000 h 或机器人出厂 1 年	更换

上表中，“定期”意味着时间间隔取决于机器人操作周期、工作环境、运动模式，通常来说，环境的污染越严重，运动模式越苛刻，时间间隔越短。

二、维护保养工业机器人本体

进行维护保养活动时，应关闭连接到工业机器人的电源、液压源和气压源，并在工作区域，立好维护保养警示牌。

1. 检查活动

(1)检查机器人布线

首先要清楚了解工业机器人本体与控制柜的具体线缆连接情况，然后目测检查本体电缆防护套有无损坏(磨损、恶劣环境高温烫坏、金属割伤等)，如果检测到磨损或损坏，则更换布线。图 3-2-1 为工业机器人本体线缆防护检查现场。

视 频

工业机器人本体与控制柜线缆连接

图 3-2-1　工业机器人本体线缆防护检查

(2)检查机械停止

机械停止在轴 1、2 和 3 上的位置，如图 3-2-2(a)、(b)、(c)所示。当机械停止出现弯曲、松动和损坏时，应进行更换。

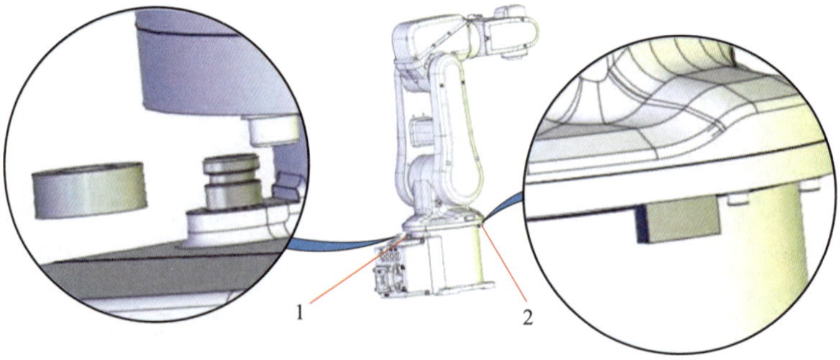

(a) 在轴1上的位置

图 3-2-2

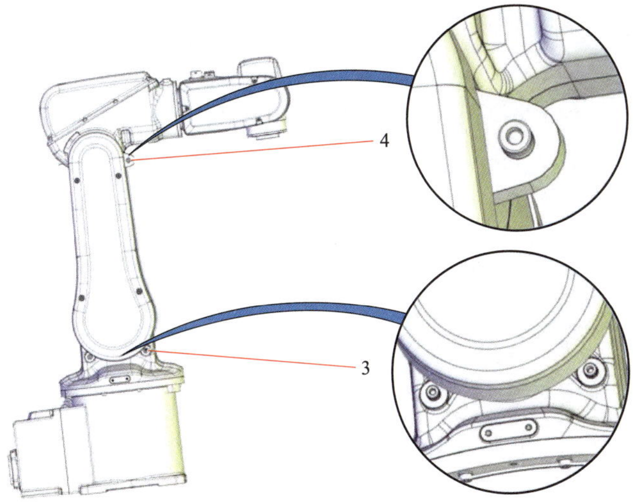

（b）在轴2上的位置

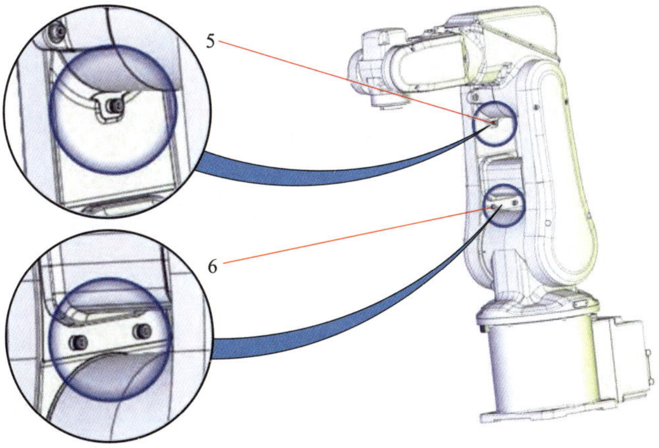

（c）在轴3上的位置

1—位于轴 1（底座）；2—位于轴 1（摆动平板）；3—位于轴 2（摆动壳）；4—位于轴 2（下臂）；
5—位于轴 3（下臂）；6—位于轴 2（下臂）。

图 3-2-2　机械停止在轴 1、2 和 3 上的位置

视 频

检查阻尼器

（3）检查阻尼器

检查所有阻尼器是否出现以下类型的损坏：裂纹、现有印痕超过 1 mm；连接螺钉出现变形。如果检测到任何损坏，则必须更换新的阻尼器。阻尼器的位置，如图 3-2-3 所示。

（4）检查同步带

卸除盖子即可接近每条同步带，检查同步带是否损坏或磨损。检查同步皮带轮是否损坏，如果检测到任何损坏或磨损，则必须更换该部件。检查每条皮带的张力，如果皮带张力不正确，应进行调整。

轴 3 正确的张力数据为：F = 18 ~ 19. 7 N（新皮带）；F = 12. 5 ~ 14. 3 N（旧皮带）。

轴 5 正确的张力数据为：F = 7. 6 ~ 8. 4 N（新皮带）；F = 5. 3 ~ 6. 1 N（旧皮带）。

同步带的位置，如图 3-2-4、图 3-2-5 所示。

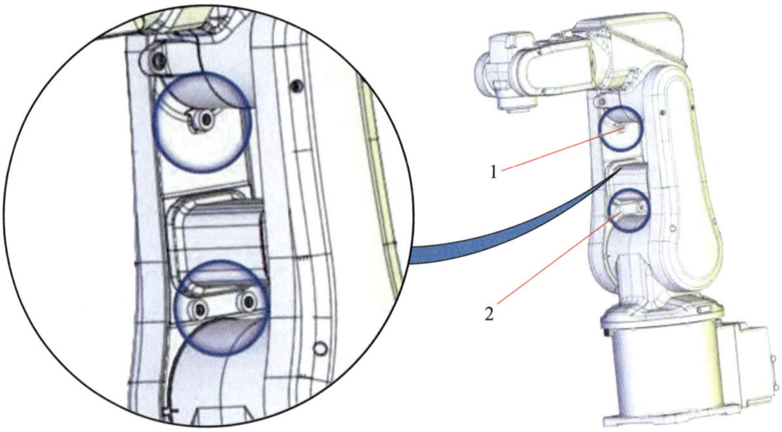

1—轴 3 关节的阻尼器;2—轴 2 关节的阻尼器。

图 3-2-3　阻尼器的位置

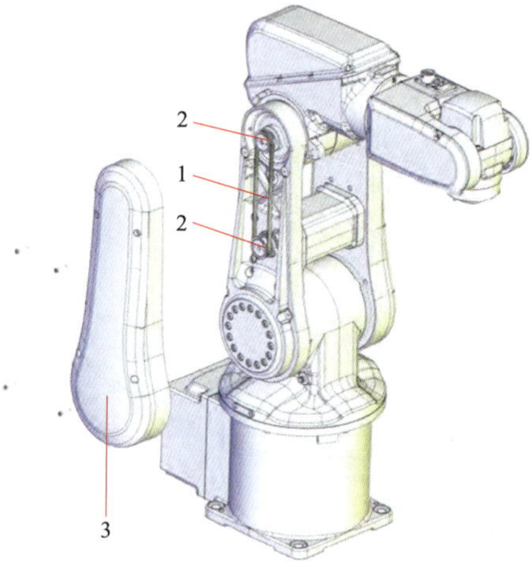

1—轴 3 关节的同步带;2—同步带带轮;3—下臂盖。

图 3-2-4　轴 3 关节处的同步带

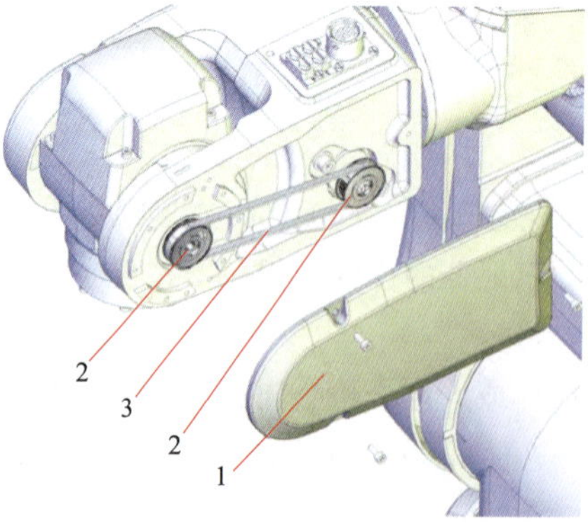

（a）示意图

（b）实物图

1—轴 5 关节的同步带;2—同步带带轮;3—手腕侧盖。

图 3-2-5　轴 5 关节处的同步带

（5）检查塑料盖

检查塑料盖是否存在裂纹、其他类型的损坏，如果检测到裂纹或损坏，则更换塑料盖。塑料盖的位置，如图 3-2-6 所示。

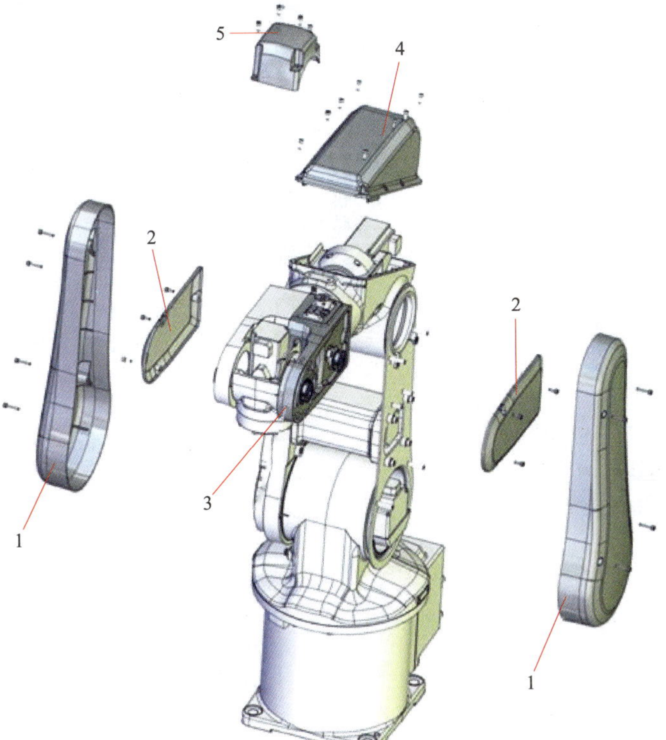

1—下臂盖；2—腕侧盖；3—护腕；4—壳盖；5—倾斜盖。

图 3-2-6　塑料盖的位置

视 频

检查信息标签

（6）检查信息标签

检查所有标签，更换有丢失或受损的标签。信息标签的位置，如图 3-2-7 所示。

2. 更换活动

（1）更换润滑脂

视 频

加注润滑油

IRB 120 工业机器人主要的机械传动部件是谐波减速器，所采用的润滑介质为润滑脂。由于机器人关节装配时，已经加入了指定用量的润滑脂，因此维护时一般不做润滑脂的更换。下面主要介绍何处查找与润滑油类型、货号和特定齿轮箱中的润滑油量有关的信息。

对于机器人操作人员，应务必检查最新版 ABB 机器人齿轮箱润滑保养技术手册（Technical reference manual Lubrication in gearboxes）的“ABB Library”，以便随时掌握最近更新的齿轮箱润滑信息。更新后的“ABB Library”会立即发布新版内容。

视 频

更换油封

IRB 120 工业机器人减速箱指定的润滑脂类型、货号和用量见表 3-2-2。

工业机器人塑料盖内壳中有电缆活动的位置，对塑料盖进行维护之后，应判断相关位置是否需要补充电缆润滑脂，以防止电缆在机器人关节活动过程中，因摩擦而降低寿命。官方推荐的型号为 Shell Alvania Grease WR2。

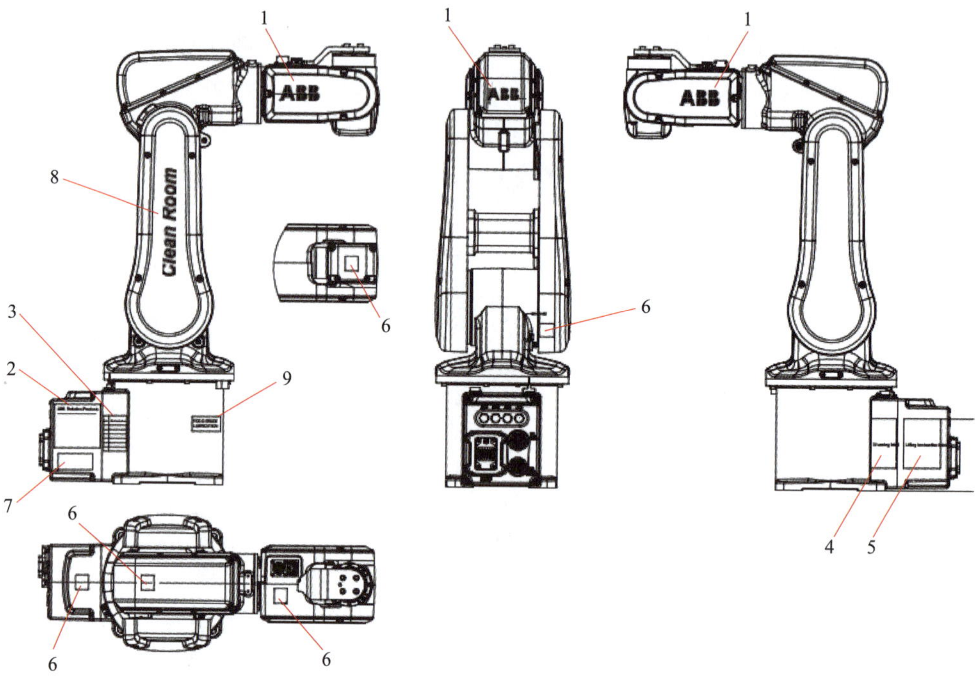

1—ABB 标识;2—额定值标签;3—校准标签;4—警告标签(倾倒风险);
5—提升说明标签;6—警告标签(有电,闪光标志);
7—标签库存机械手;8—洁净室标签;9—食品级润滑标签。

图 3-2-7 信息标签的位置

表 3-2-2 IRB 120 工业机器人指定的润滑脂类型、货号和用量

轴号	货架号	型号	用量(kg)
1	3HAC031695-001	Harmonic grease 4B No. 2	0. 058
2	3HAC031695-001	Harmonic grease 4B No. 2	0. 04
3	3HAC031695-001	Harmonic grease 4B No. 2	0. 011
4	3HAC031695-001	Harmonic grease 4B No. 2	0. 003 5
5	3HAC031695-001	Harmonic grease 4B No. 2	0. 000 5
6	3HAC031695-001	Harmonic grease 4B No. 2	0. 003 5

其他注意事项:①机器人在出厂时,各轴均已注入润滑脂,更换时使用注油枪填充润滑脂。②根据润滑脂老化情况,自出厂之日起,满一年或者累计运行满 10 000 h,应更换机器人润滑脂。③当使用时减速机表面温度达到 40 ℃以上时,应确认润滑脂的老化、受污染情况,并缩短润滑脂的更换周期。

视频

更换工业机器人本体电池——新时达机器人

(2)更换工业机器人本体电池

电池组的位置在底座盖的内部,如图 3-2-8 所示。

拆卸过程:通过卸下连接螺钉从机器人上卸下底座盖,断开电池电缆与编码器接口电路板的连接,切断电缆带,卸下电池组。

安装过程:用电缆带安装新电池组,将电池电缆与编码器接口电路板相连,用连接螺钉将底座盖重新安装到机器人上,完成所有维修工作后,用蘸有酒精的无绒布擦掉机器人上的颗粒物。工业机器人本体电池安装好后，需要进行更新转数计数器。

视　频

更换机器人本体电池——ABB机器人

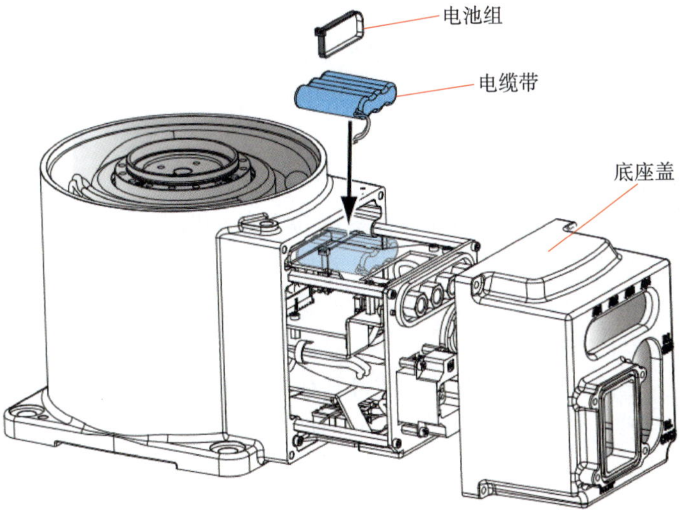

图 3-2-8　电池组的位置

(3)更换同步带

视　频

腕关节更换同步带

正确合理地使用同步带，不仅能够保证生产传输的顺利进行，而且还能减少装置的故障率，延长同步带的使用寿命。

同步带使用注意事项：

①严禁曲折，以免损伤骨架材料，影响皮带强度。

②严禁划伤皮带，以免皮带早期损坏。

③避免与化学品(尤其是强氧化性酸，如浓硫酸等)接触。

④尽量避免与油类、水长期接触。

⑤由于同步带的张力会随着工作时间的延长而发生变化，操作人员需要定期地调整同步带的张力，检查同步带及同步带轮的运行状况并及时调整或更换。排查和维护的周期推荐在 12 000 h 左右。

更换同步带注意事项：

①应选购表面整洁、皮带没有扭曲变形、带齿饱满的同步带。

②更换同步带时，必须使皮带的张力降到最低，才能取出，严禁同步带在有高张力的情况下，利用非专业的工具硬性撬下来。

③安装同步带时，如果两带轮的中心距可以移动，必须先将带轮的中心距缩短，装好同步带后，再使中心距复位。若有张紧轮时，先把张紧轮放松，然后装上同步带，再装上张紧轮。

④在安装的时候就应该先调整好预张紧力。如果预张紧力不够大，就会使同步带的传动能力大大降低，而且带轮也会随之急剧升温发热，磨损配件。反过来，如果预张紧力过大的话，则会使同步带的使用寿命降低。所以，适当合理的预张紧力是保证同步正常工作的前提。

⑤同步带更换后，必须由专业技术人员将工业机器人归零处理，然后可正常使用机器人，否则机器人零点会丢失，可能发生危险。

视频

清洁工业机器人

3. 清洁活动

(1)清洁本体

想长时间正常运行,一项重要工作就是定期清洁 IRB 120 工业机器人,清洁频次取决于产品的工作环境。根据 IRB 120 工业机器人的不同防护类型,可采用不同的清洁方法,清洁之前务必确认机器人的防护类型。务必使用规定的清洁设备,其他任何清洁设备都可能缩短机器人的寿命。

清洁方面的特殊考虑因素:

①在清洁之前,务必检查是否已将所有保护罩都装到了机器人上。

②不用压缩空气来清洁机器人。

③切勿用未经 ABB 公司同意的溶剂来清洁机器人。

④不要在 0.4 m 以内喷水。

⑤在清洁机器人之前,不要拆除任何盖罩或其他防护装置。

表 3-2-3 给出了允许的清洁方法(具体取决于防护类型)。

表 3-2-3　IRB 120 工业机器人本体不同防护类型的清洁方法

防护类型	清洁方法			
	真空吸尘器	用布擦拭	用水冲洗	高压水或蒸汽
标准	是	是,使用少量清洁剂	不	不
洁净室	是	是,使用少量清洁剂、酒精或异丙醇酒精	不	不

(2)清洁电缆

注意事项:被清洁的电缆需要能自由移动:

①如果沙、灰和碎屑等废弃物妨碍电缆移动,则将其清除。

②如果电缆有硬皮(例如干性脱模剂硬皮),则进行清洁。

任务实施

模拟企业真实工作场景,3 名同学为一组,2 名同学根据上述维护与保养知识进行工业机器人本体维护与保养,另外 1 名同学进行监督和评分,并详细记录日点检表和定期点检表。

一、准备工作

①正确穿戴安全防护设备。

②领取机器人本体维护保养常用工具(见表 1-2-2),以及电工胶带一卷、束线带若干、万用表一个、软布一块。

③进入现场前,确认设备处于断电停机状态。

二、环境检查

观察工业机器人本体周围有无液体或其他可能损坏机器人本体的物品。如果有,请将这些物品移到远离机器人的位置。

三、机器人本体维护与保养

①根据工业机器人型号查询维保信息。

②针对实训室中的机器人本体进行维护和保养，制订日点检表和定期点检表，见表 3-2-4 和表 3-2-5。

表 3-2-4　××型号日点检表　　____年____月

类别	编号	检查项目	要求标准	方法	1	2	3	4	×
日点检	1	本体清洁	无灰尘异物	擦拭					
	2	通风情况	清洁无污染	测					
	3	示教器屏幕	显示正常	看					
	4	示教器摇杆	正常控制工业机器人	试					
	5	急停按钮	急停按钮运行正常	测试					
	6	气管、接头、气阀	密封性完好，无漏气	听、看					
	7	电动机	无异常声响	听					
	确认人签字								
备注	日点检要求每日开工前进行。 设备点检、维护正常画“√”；使用异常画“△”；设备未运行画“/”								

表 3-2-5　××型号定期点检表　　____年

类别	编号	检查项目	1	2	3	4	5	6	×
定期[1]点检	1	清洁工业机器人							
	2	检查工业机器人线缆[2]							
	3	检查轴×机械限位[3]							
	确认人签字								
每×个月	4	检查信息标签							
	确认人签字								
每×个月	5	检查同步带							
	确认人签字								
每×个月	6	更换电池组[4]							
	确认人签字								
备注	设备点检、维护正常画“√”；使用异常画“△”；设备未运行画“/”								

注：

[1]“定期”意味着要定期执行相关活动，但实际的间隔可以不遵守工业机器人制造商的规定。此间隔取决于工业机器人的操作周期、工作环境和运动模式。通常，环境污染越严重，运动模式越苛刻，检查间隔越短。

[2]工业机器人布线包含工业机器人与控制柜之间的布线。如果发现有损坏或裂缝，或即将达到寿命应更换。

[3]如果机械限位被撞到应立即检查。

[4]电池的剩余后备电量（工业机器人电源关闭）不足 2 个月时，将显示电池低电量警告。如果工业机器人电源每周关闭 2 天，则新电池的使用寿命为 36 个月；如果工业机器人电源每天关闭 16 h，则新电池的使用寿命为 18 个月。对于较长时间的生产中断，通过电池关闭服务例行程序可延长电池使用寿命。

四、任务结束

①归还工具。

②归还安全防护设备。

③提交维护保养记录表（见表 3-2-6）。

表 3-2-6　维护保养记录表

设备名称		记录人	
设备型号		记录时间	
保养周期			
序　号	名　称	保养办法	备　注
1			
2			
3			
4			
5			

任务评价

任务评价见表 3-2-7。

表 3-2-7　任务评价表

序号	评价内容	评价标准	分数	评分记录		
				学生自评	组间互评	教师评分
1	工业机器人本体日点检	不能按标准要求和维护法完成工业机器人本体日点检计划表中的点检项目，共 7 项，每错一处扣 5 分，扣完为止	30			
2	工业机器人本体周期点检	不能正确把握周期点检活动的对象、操作流程、维护方法、注意事项，共 6 项，每错一处扣 5 分	30			
3	安全生产	①劳动保护用品穿戴不整齐，扣 5 分。 ②操作中，未遵守操作规程，违反安全文明生产中设备操作、设备调试、用电安全知识，扣 10 分。 ③操作结束未清理现场，扣 5 分	20			
4	学生考勤情况	无迟到、早退、旷课	10			
5	工作态度	态度认真、团队合作、任务完成质量良好（字迹工整、设备点检记录正确）	10			
总分			100			

巩固练习

一、选择题

1.（　　），需要更换机器人本体电池。

A. 只有到一年周期时

B. 只有出现电池低电量报警时

C. 到一年周期或者出现电池低电量报警时

D. 到一年周期并且出现电池低电量报警时

2. 更换减速器或齿轮箱润滑油的具体步骤中，直到(　　)，停止加油。

A. 机器人被加油的轴反复转动　　B. 机器人关电

C. 出油口处有新的润滑油流出　　D. 机器人上电

二、填空题

1. 点检工作内容包括__________、__________、调整、__________、润滑和排水。

2. 点检记录内容包括：__________，由岗位操作人员填写；每周点检记录，由设备技术员填写；定期检查记录；__________。

3. 工业机器人本体电池安装好后，需要进行更新__________。

三、简答题

1. 简述 IRB 120 工业机器人本体维护计划的内容。
2. 简述对 IRB 120 工业机器人进行检查活动的内容。
3. 简述对 IRB 120 工业机器人本体进行更换活动的内容。
4. 简述对 IRB 120 工业机器人本体进行清洁活动的内容。

拓展阅读

工业机器人需进行定期维护以确保其功能正常，表 3-2-8 和表 3-2-9 归纳列举了国产新时达机器人按照上电前(电源 OFF)和上电后(电源 ON)两种情况下，主要点检维护活动和时间间隔。点检时间段分为日常、1 个月、3 个月、6 个月以及 1 年。但是对于 1 个月机器运行时间超过 320 h 的情况，各项目点检间隔时间应以每 320 小时对应 1 个月计算。

表 3-2-8　上电前(电源 OFF)时点检项目

点检项目	点检位置	日常	1 个月 320 h	3 个月 960 h	6 个月 1 920 h	1 年 3 840 h
确认螺钉是否松动。如果有，请按照国标 10.9 等级的螺钉重新紧固	夹具安装等螺钉	√	√	√	√	√
	机器人底座安装螺钉	√	√	√	√	√
	表面盖板紧固螺钉			√	√	√
	电机、减速机等螺钉					√
确认电缆、电气接口是否松动。如果有，则重新加紧	机器人自带电气接口	√	√	√	√	√
	机器人电缆					
	控制器电缆	√	√	√	√	√
检查外部是否有破损或异物。如果有，请处置	机器人外表面	√	√	√	√	√
	电缆表面	√	√	√	√	√
检查同步带是否异常磨损、松弛。如果有，请更换或者重新张紧	手腕内部					√
检查各关节处是否有油脂泄露。如果有，请处理	各关节表面	√	√	√	√	√

续表

点检项目	点检位置	日常	1个月 320 h	3个月 960 h	6个月 1 920 h	1年 3 840 h
24 h连续运行的设备，是否按期对J1～J4减速机进行泄压排气操作	J1～J4关节			√	√	√
检查信息标签是否有脱落缺失。如果有，请联系售后处理	机器人表面					√
检查硬限位及缓冲块是否损坏。若损坏，请联系售后处理	各关节硬限位					√
润滑脂的更换	请参考不同型号手册					
电池	库存机器人每3个月通电查看电池状态，如有异常及时更换。使用中机器人电池应3年更换一次					

注：根据GB/T 3098.1—2010《紧固件机械性能螺栓、螺钉和螺柱》，此标准规定了螺栓、螺钉和螺柱的机械性能，包括10.9级的相关要求。如10.9级螺栓、螺钉和螺柱的公称抗拉强度为1 000 MPa，公称屈服强度为900 MPa等。

每天机器人在开始工作之前，电源ON时，请按照表3-2-9实施点检作业。

表3-2-9　上电后（电源ON）时点检项目

点检项目	点检位置	日常	1个月 320 h	3个月 960 h	6个月 1 920 h	1年 3 840 h
检查示教器是否正常显示，紧急停止按钮是否可用。如有问题，请维修或更换	示教器显示屏，急停按钮	√	√	√	√	√
在使能状态下，手推各轴，看是否有晃动	各个关节				√	√
在工作时，确认各轴是否有异响、异常振动。如果有，请联系原厂	各个关节	√	√	√	√	√
查看使能按钮是否正常亮	使能按钮	√	√	√	√	√
检查各个气管是否连接正常，是否有漏气。如果有，请重新插紧或更换	气管、气管接头	√	√	√	√	√

注：在工作确认时的各轴是否有异响、振动时，请务必要在安全区域内，以免出现意外。

任务三　排除工业机器人本体常见故障

情景导入

目前，工业机器人已广泛应用于汽车及汽车零部件制造业、机械加工行业、电子电气行业、橡胶及塑料工业、食品工业、木材与家具制造业等领域中。在工业生产中，焊接机器人、装配机器人、喷涂机器人及搬运机器人等工业机器人都已被大量采用。小坤是企业设备维护管理员，面对公司工业机器人越来越多的现状，学会查找对应型号的工业机器人故障排查手册，将是排除工业机器人本体常见故障的关键。

学习目标

一、知识目标

①了解工业机器人本体故障的种类。
②掌握工业机器人本体故障的诊断方式。
③掌握减速机更换的一般方法。

二、能力目标

①会对工业机器人本体进行一般性机械故障分析和排除。
②会对工业机器人本体进行严重机械故障分析。

三、素养目标

①强化职业意识提升职业素养。
②培养团队协作的精神。
③提高分析和解决问题的综合能力。

任务描述

工业机器人本体在运动过程中可能会出现震动噪声、抖动轨迹偏差、漏油渗油等故障，这些故障可能会导致工业机器人不能正常运行。当工业机器人发生故障时，需要根据实际情况分析发生故障的原因，并按照操作步骤来处理故障，使得工业机器人可以继续正常工作。本任务主要学习工业机器人本体常见故障的诊断和处理的方法。

核心知识

一、工业机器人本体故障分类

工业机器人本体故障分为机械故障和电气故障两类。电气故障主要指电动机电流不稳定从而造成电动机输出力矩不稳定，最终导致抖动（可做电流电压检测辅助判断）。电动机电流不稳定的主要原因是电动机故障。机械故障指电动机输出力矩稳定情况下，其传动机械部件给电动机的载荷不稳定造成抖动，它包括减速机故障和轴承故障。而对于工业机器人本体故障而言，机械部分的故障常常多发。按照故障的特性对工业机器人本体机械故障可分为三类，如图 3-3-1 所示。

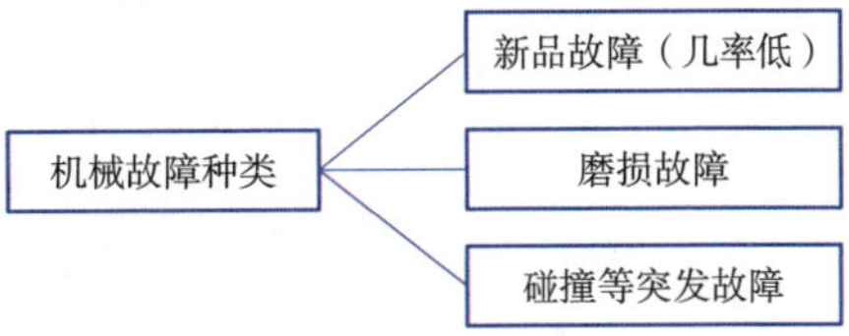

图 3-3-1　机械故障种类

二、工业机器人本体常见故障诊断、分析与排除

1. 漏油渗油故障的诊断与处理

工业机器人齿轮箱减速机漏油、渗油是较为常见的故障，以下是其诊断方法：

①外观检查：直接观察齿轮箱减速机的外壳、密封处、结合面等部位，看是否有明显的油迹、油滴或油污堆积。重点检查输入轴、输出轴的密封处，以及箱体的各个连接部位。

②油位检查：定期检查齿轮箱减速机的油位，若油位下降明显，且排除了正常损耗的因素，则可能存在漏油、渗油情况。可以通过油位计或放油塞来检查油位。

视频
工业机器人漏油故障处理

③压力测试：使用压力检测设备，对齿轮箱减速机内部施加一定压力，观察是否有油液从非正常出油口渗出，以此判断密封性能和可能的泄漏点。

④温度检测：在运行过程中，使用温度传感器或红外测温仪检测齿轮箱减速机的温度。若局部温度异常升高，则可能是有漏油、渗油情况发生。因缺油后会导致润滑不足，从而引起摩擦增大，局部温度异常升高。

工业机器人机漏油渗油故障现象的分析与处理方法见表3-3-1。

表3-3-1　工业机器人漏油渗油故障的分析与处理方法

序号	现　象	可能的原因	对应处理方法
1	出现漏油渗油：在机器人关节、外壳、底座或地面上发现明显的油迹或油渍，尤其是在密封件或连接处附近。或油液从机器人关节、液压管路或密封处滴落，在地面或设备上形成油滴或油斑	①密封件老化：长期使用后，油封、密封圈等密封件会出现老化、变硬、龟裂等现象，失去密封性能，导致油液泄漏	①更换密封件：对于老化、损坏的密封件，应及时更换为新的、质量合格的密封件
		②安装不当：密封件在安装时，如果安装位置不正确、安装过紧或过松，都会破坏密封效果，造成漏油渗油	②重新安装：如果是安装不当导致的问题，要按照正确的方法和要求重新安装密封件，确保安装到位，松紧合适
		③箱体裂缝：由于外力撞击、铸造缺陷或长期应力作用，箱体可能出现裂缝，油液会从裂缝中渗出	③修补裂缝：对于箱体的裂缝，可以采用焊接、胶粘等方法进行修补
		④结合面不平整：齿轮箱减速机的箱体结合面在加工或装配过程中，如果存在不平整、有杂质等情况，会使结合面密封不严，导致油液泄漏	④平整结合面：对不平整的结合面进行研磨、刮削等处理，使其达到密封要求，也可在结合面涂抹密封胶，增强密封效果
		⑤油位过高：加油时如果油位超过了规定的上限，会使箱体内压力增大，迫使油液从密封薄弱处渗出	⑤调整油位：将油位调整到合适的高度，避免油位过高或过低
		⑥油液变质：长期未更换油液，油液会变质、变稀，其润滑和密封性能下降，容易导致漏油渗油	⑥更换油液：定期更换油液，确保油液的质量和性能符合要求
		⑦通气孔堵塞：通气孔的作用是平衡箱体内外压力，若通气孔堵塞，箱体内压力升高，会使油液从密封处挤出	⑦疏通通气孔：定期检查通气孔，确保其畅通，保证箱体内外压力平衡
		⑧齿轮磨损：齿轮过度磨损会产生大量热量，使箱体内油温升高，压力增大，进而导致油液泄漏	⑧修复或更换齿轮：对磨损严重的齿轮进行修复或更换，同时检查齿轮的啮合情况，确保传动正常，减少热量产生

2. 机械噪声故障的诊断与处理

工业机器人机械噪声故障的诊断方法：

①声音分析：仔细聆听噪声的特征，如尖锐刺耳声可能是轴承缺油或磨损；周期性的撞击声可能是齿轮问题；持续的嗡嗡声可能与电动机或电磁有关。还可利用频谱分析仪或声音分析软件，精确识别噪声的频率和来源。

②视觉检查：查看工业机器人各部件，包括关节、齿轮、链条、轴承、电动机等，是否有磨损、损

坏、松动、变形、缺油等情况，以及是否有部件相互碰撞或剐蹭。

③振动检测：使用振动传感器，检测工业机器人各部位的振动情况，异常振动往往与噪声相关，能帮助确定故障位置。

④温度监控：检查工业机器人的电动机、齿轮箱、轴承等部件的温度，过热可能是导致噪声的原因，也可能是部件故障的表现。

⑤空载与负载测试：让工业机器人在空载状态下运行，观察噪声是否消失或减轻。若空载正常，负载时出现噪声，可能是负载过大或传动部件在负载下出现问题。

⑥参数检查：检查工业机器人的伺服参数，如增益设置、电子齿轮比、速度反馈滤波器时间常数等是否合理。

⑦系统诊断工具：利用工业机器人提供的诊断软件或工具，查看是否有错误代码、传感器数据异常等信息，辅助判断故障。

一般出现异响故障时必须到客户现场诊断，通过仔细检查判断异响的轴，排除外界影响因素。

工业机器人机械噪声故障现象的分析与处理方法见表3-3-2。

表3-3-2　工业机器人机械噪声故障的分析与处理方法

序号	现　　象	可能的原因	对应处理方法
1	出现齿轮传动噪声：机器人在运行过程中，可听到类似金属摩擦、碰撞或周期性的“咔咔”声，尤其在关节部位，如肩关节、肘关节等，当机器人进行旋转或摆动动作时，噪声会更明显	①齿轮磨损：长期使用后，齿轮的齿面会出现磨损，导致齿形精度下降，啮合时产生噪声	①更换齿轮：对于磨损严重的齿轮，应及时更换，确保齿轮的精度和质量
		②齿轮啮合不良：安装精度不足，如齿轮的中心距偏差、齿侧间隙不合适等，会使齿轮啮合不顺畅，从而产生噪声	②调整啮合参数：重新调整齿轮的中心距和齿侧间隙，使其符合设计要求
		③润滑不足：齿轮润滑脂老化、干涸或缺失，会增加齿轮间的摩擦，引发噪声	③补充或更换润滑脂：定期检查齿轮的润滑情况，及时补充或更换合适的润滑脂
2	出现电动机噪声：可能出现持续的“嗡嗡”声或尖锐的啸叫声，在电动机启动、运行或停止时都可能发生，有时还会伴随电动机发热异常	①电动机过载：机器人负载过大或运行速度过快，使电动机承受的负荷超过额定值，导致电动机噪声增大	①调整负载和速度：根据机器人的额定负载和速度要求，合理调整工作任务，避免电动机过载运行
		②电动机故障：电动机内部的绕组短路、断路，或者电动机轴承损坏等，都会引起电动机噪声异常	②检修或更换电动机：对电动机进行全面检查，修复或更换损坏的绕组、轴承等部件
		③电磁干扰：附近的电磁设备产生的干扰，可能影响电动机的正常运行，产生噪声	③消除电磁干扰：对电动机的电源线和控制线进行屏蔽处理，或者将电动机与干扰源隔离
3	出现链条传动噪声：会发出“哗啦哗啦”的声音，在机器人的链式传动机构运行时，噪声较为突出，可能还会伴有链条抖动的现象	①链条磨损：链条在长时间运行后，链节与链节之间的连接处会出现磨损，导致链条伸长或松动，运行时产生噪声	①更换链条和链轮：链条和链轮磨损严重时，应同时更换，以保证良好的配合
		②链轮磨损：链轮的齿形磨损，与链条的配合变差，也会引发噪声	
		③链条张紧度不当：链条张紧度过松，会使链条在运行时出现抖动和跳动，产生噪声；张紧度过紧，则会增加链条和链轮的负荷，也会导致噪声增大	②调整链条张紧度：使用张紧装置，将链条的张紧度调整到合适的状态

续表

序号	现　　象	可能的原因	对应处理方法
4	出现轴承噪声：通常表现为不规则的“咕噜咕噜”声或“沙沙”声，在机器人的关节轴承或传动轴轴承处容易出现，当机器人负载运行时，噪声可能会增大	①轴承磨损：轴承的滚动体、滚道等部件在长期使用后会出现磨损，使轴承的游隙增大，运转时产生噪声	①更换轴承：发现轴承磨损严重或损坏，必须及时更换新的轴承
		②轴承润滑不良：轴承内的润滑脂不足、变质或混入杂质，会影响轴承的润滑效果，导致噪声产生	②清洁和润滑轴承：定期对轴承进行清洁，去除杂质和旧的润滑脂，重新添加适量的优质润滑脂
		③安装不当：轴承安装时，如果安装过紧或过松，都会使轴承在运行时受力不均，产生噪声	③重新安装轴承：按照正确的安装方法和要求，重新安装轴承，确保安装精度

3. 抖动故障的诊断与处理

工业机器人抖动是工业机器人运行过程中常见的问题，可能由多种因素引起，抖动故障的诊断方法：

（1）外观检查

①机械部件：查看机器人的关节、连杆、齿轮等机械部件是否有松动、磨损、变形或损坏的迹象。比如，检查关节处的螺钉是否拧紧，齿轮是否有缺齿、磨损严重等情况。

②线缆连接：检查机器人的电源线、信号线等线缆是否连接牢固，有无破损、老化或接触不良的问题。若线缆存在问题，可能会导致信号传输不稳定，进而引起机器人抖动。

（2）运动状态监测

①空载运行：让机器人在空载状态下进行各种运动，如直线运动、圆弧运动、关节运动等，观察其运动过程中是否有抖动现象。记录抖动出现的位置、幅度和频率等特征。例如，在机器人进行手臂伸展的直线运动时，注意观察手臂是否有明显的颤动。

②负载运行：在机器人负载一定重量的情况下，重复上述运动测试。因为负载可能会对机器人的动力学特性产生影响，有些抖动可能只有在负载时才会表现出来。对比空载和负载运行时的抖动情况，分析负载与抖动之间的关系。

（3）系统参数检查

①速度和加速度参数：检查机器人控制系统中设置的速度和加速度参数是否合理。参数设置过大可能会导致机器人在运动过程中产生抖动。例如，如果机器人的关节加速度设置过高，在启动和停止时可能会出现明显的抖动。

②增益参数：调整机器人控制系统中的增益参数，观察抖动是否有改善。增益参数影响着机器人的响应速度和稳定性，不合适的增益可能会引起系统振荡，导致抖动。

（4）传感器检查

①编码器：检查机器人关节上的编码器是否正常工作。编码器用于反馈关节的位置和速度信息，如果编码器出现故障，可能会导致机器人的运动控制不准确，产生抖动。可通过读取编码器的数据，检查其是否与机器人的实际运动状态相符。

②力传感器：对于配备力传感器的机器人，检查力传感器的工作状态。力传感器用于检测机器人与外界环境的接触力，若传感器故障或校准不准确，可能会使机器人在执行任务时出现异常抖动。

（5）软件和程序检查

①程序代码：检查机器人的控制程序代码，查看是否存在逻辑错误、语法错误或与机器人硬件

不兼容的情况。某些程序指令可能会导致机器人执行不必要的动作或运动轨迹不流畅，从而引发抖动。

②软件版本：确保机器人的控制系统软件和相关驱动程序是最新版本，并且与硬件兼容。旧版本的软件可能存在一些已知的问题或漏洞，导致机器人运行不稳定。

(6)数据分析与故障定位

①数据记录与分析：利用机器人控制系统自带的数据记录功能，记录机器人抖动时的各种数据，如关节位置、速度、电流等。通过对这些数据的分析，找出抖动与其他参数之间的关联，确定抖动的根源。

②对比分析：将故障机器人的数据与正常运行的同型号机器人的数据进行对比，分析差异，有助于快速定位故障原因。

(7)专业设备检测

①振动测试仪：使用振动测试仪对机器人的关键部位进行振动测试，获取准确的振动数据，如振动幅值、频率等。通过对这些数据的分析，判断机器人的振动是否超出正常范围，并确定振动的来源。

②示波器：利用示波器检测机器人控制系统的信号波形，查看是否存在异常的干扰信号或波形畸变。若存在问题，可能是导致机器人抖动的原因之一。

在整个诊断过程中，需要具备丰富的工业机器人知识和实践经验，综合运用各种方法和工具，逐步排查可能的故障原因，最终找到解决机器人抖动问题的有效方案。以下从机械、电气、控制、外部环境等方面介绍抖动原因及相应解决办法，见表3-3-3。

表3-3-3　工业机器人抖动故障的分析与处理方法

序号	故障分类	现　　象	可能的原因	对应处理方法
1	机械方面	关节磨损	长期使用后，机器人关节处的齿轮、轴承等部件会出现磨损，导致间隙增大，运动精度下降，从而引起抖动	定期检查关节部件的磨损情况，及时更换磨损严重的部件
		机械松动	机器人的连杆、螺钉等连接部位可能会因长期振动或安装不当而松动，影响机器人的稳定性，产生抖动	对机器人的机械结构进行全面检查，紧固所有松动的连接部位
		负载不均衡	当机器人抓取的负载重心偏移或负载过重时，会使机器人的各个关节受力不均匀，导致抖动	合理规划负载的放置位置，确保重心在机器人的承载范围内，必要时重新评估机器人的负载能力
2	电气方面	电动机故障	电动机绕组短路、断路或电动机轴承损坏等故障，会使电动机输出的动力不稳定，引起机器人抖动	使用专业的电动机检测设备对电动机进行检测，修复或更换故障电动机
		驱动器故障	驱动器的参数设置不当、功率模块故障或散热不良等，都可能影响电动机的驱动信号，导致机器人抖动	检查驱动器的参数设置是否正确，清理驱动器的散热风扇，确保散热良好，如有必要，更换驱动器
		电源波动	电源电压不稳定、频率波动或电源纹波过大，会影响机器人控制系统和电动机的正常工作，产生抖动	安装稳压器、滤波器等电源处理设备，确保电源的稳定性

续表

序号	故障分类	现　　象	可能的原因	对应处理方法
3	控制方面	算法缺陷	机器人的运动控制算法不完善，如轨迹规划不合理、参数调节不当等，可能导致机器人在运动过程中出现抖动	优化运动控制算法，调整参数，使机器人的运动更加平稳
		传感器故障	机器人的位置传感器、力传感器等出现故障或精度下降，会使机器人无法准确获取自身的状态信息，导致控制误差，引起抖动	对传感器进行校准、维修或更换
4	外部环境方面	电磁干扰	周围环境中的强电磁干扰，如附近的大型电动机、变频器等设备产生的电磁辐射，可能会干扰机器人的控制系统信号，导致抖动	对机器人的控制系统进行电磁屏蔽，将信号线与电源线分开铺设，减少电磁干扰
		温度和湿度变化	环境温度和湿度的剧烈变化，可能会影响机器人的机械性能和电气性能，导致抖动	将机器人安装在温度和湿度相对稳定的环境中，必要时安装空调和除湿设备

4. 轨迹偏差故障的诊断与处理

工业机器人轨迹偏差故障是影响机器人工作精度和效率的常见问题，其诊断方法如下：

①轨迹测量：使用激光跟踪仪、坐标测量机等高精度测量设备，对机器人实际运行轨迹上的多个点进行测量，将测量结果与编程设定的理论轨迹进行对比，精确获取轨迹偏差的数值和分布情况。

②视觉检测：在机器人工作区域周围布置多个工业相机，通过视觉系统对机器人的运动过程进行实时监测，利用图像处理技术分析机器人末端执行器的位置和姿态，判断是否存在轨迹偏差，还可观察机器人在运动过程中是否有异常抖动、卡顿等现象。

③系统日志分析：查看机器人控制系统的日志文件，从中获取机器人运动过程中的各种数据，如电动机编码器读数、关节角度数据、速度和加速度信息等，分析这些数据是否存在异常波动或错误，以找出可能导致轨迹偏差的原因。

④手动示教验证：通过手动示教的方式，让机器人按照特定的路径和点进行运动，观察机器人在手动操作下的轨迹表现。若手动示教时轨迹正常，而自动运行时出现偏差，则可能是编程或控制系统的问题；若手动示教也存在轨迹偏差，则可能是机械结构等硬件方面的问题。

工业机器人轨迹偏差故障现象的分析与处理方法见表 3-3-4。

表 3-3-4　工业机器人轨迹偏差故障的分析与处理方法

序号	故障分类	现　　象	可能的原因	对应处理方法
1	机械方面	关节磨损	机器人关节处的轴承、齿轮等部件长期使用后会出现磨损，导致关节间隙增大，影响机器人的运动精度，使轨迹产生偏差	更换磨损部件：对磨损严重的关节轴承、齿轮等部件进行及时更换，恢复关节的精度和刚性
		机械松动	机器人的连接螺栓、联轴器等部件松动，会使机械结构的刚性降低，在运动过程中产生位移和振动，从而引起轨迹偏差	紧固机械部件：检查并紧固所有连接螺栓、联轴器等部件，确保机械结构的稳定性
		皮带或链条传动问题	采用皮带或链条传动的机器人，皮带打滑、链条松动或磨损，会导致传动比不准确，使机器人末端执行器的运动轨迹出现偏差	调整传动部件：调整皮带或链条的张紧度，更换磨损的皮带或链条，保证传动的准确性

续表

序号	故障分类	现　象	可能的原因	对应处理方法
2	电气方面	电动机故障	电动机绕组短路、断路、电动机编码器故障等，会导致电动机输出的转速和扭矩不稳定，影响机器人的运动精度	修复或更换电动机：对故障电动机进行维修或更换新电动机，并重新进行电动机参数的设置和调试
		驱动器故障	驱动器参数设置不当、功率元件损坏等，会使电动机的驱动信号不准确，导致机器人运动异常，产生轨迹偏差	检修驱动器：检查驱动器的参数设置，修复或更换损坏的驱动器元件，确保驱动器正常工作
		电磁干扰	机器人周围的强电磁干扰源，如变频器、电焊机等，可能会干扰机器人的控制系统信号，使电动机控制出现误差，进而导致轨迹偏差	抗干扰措施：对机器人的电气系统采取屏蔽、接地等抗干扰措施，将强电磁干扰源与机器人隔离开来
3	软件与编程方面	编程错误	在编写机器人运动程序时，指令错误、坐标设置不当、运动速度和加速度参数不合理等，都会导致机器人实际运行轨迹与预期不符	检查和修正程序：仔细检查机器人运动程序，修正指令错误、坐标设置错误等问题，优化运动速度和加速度参数
		控制系统参数问题	机器人控制系统的增益、滤波参数等设置不合理，会影响系统的稳定性和响应速度，导致轨迹跟踪不准确	调整控制系统参数：根据机器人的实际运行情况，合理调整控制系统的增益、滤波等参数，提高系统的稳定性和轨迹跟踪精度
		零点标定错误	机器人的零点位置标定不准确，会使机器人的绝对位置出现偏差，从而影响整个运动轨迹	重新标定零点：使用专业的标定工具和方法，对机器人的零点位置进行重新标定，确保机器人的位置基准准确

三、工业机器人减速机更换

视频　减速机简介

工业机器人减速机故障会影响机器人的运动精度和稳定性，更换工业机器人减速机是一项较为复杂且精细的工作，下面详细介绍更换的一般步骤、注意事项及更换后的调试与维护。

1. 维修准备

视频　更换减速机

安全防护：确保在更换减速机时，工业机器人处于断电状态，并在操作区域设置明显的警示标识，防止意外启动。

工具准备：准备好所需的工具，如各种规格的扳手、螺丝刀、游标卡尺、吊装设备等。

配件确认：根据工业机器人型号和减速机规格，准备好相应的新减速机，并检查其外观是否有损坏，配件是否齐全。

2. 现场维修

现场机器人机械故障维修主要以更换减速机为主。一般分为大型机器人减速机和小型机器人减速机更换，以更换 ABB IRB 120 工业机器人轴 4 位置的谐波减速器（见图 3-3-2）为例，下面介绍其拆卸、安装和调试与测试过程。

（1）拆卸过程

①将工业机器人轴 4 位置的外壳打开。

图 3-3-2　ABB IRB 120 工业机器人轴 4 位置的谐波减速器

②将连接在轴 4 伺服电动机的线缆插头断开。

③移除轴 4 位置的伺服电动机。

④用内六角扳手松开谐波发生器连接在曲轴上的紧固螺钉。

⑤取出谐波发生器。

⑥用内六角扳手松开刚轮连接在上臂壳的紧固螺钉。

⑦取出刚轮。

(2)安装过程

①对安装位置进行清洁,去除灰尘、油污等杂质,并检查安装面是否平整、有无损坏。同时,再次检查新减速机的安装尺寸和配合部位是否符合要求。

②将新减速机缓慢放至安装位置,对准安装孔和连接部位,轻轻放下。在减速机接近安装位置时,要注意避免发生碰撞。

③用扭矩扳手将刚轮安装在上臂壳上,推荐拧紧力矩为 2 N·m。

④用扭矩扳手将谐波发生器安装在曲轴上,推荐拧紧力矩为 2 N·m。

⑤补充相应量的润滑脂。

⑥连接轴 4 伺服电动机的线缆插头。

⑦用扎带对线缆束进行固定。

⑧安装轴 4 位置的外壳。

(3)调试与测试

①在通电前,手动转动减速机的输入轴或输出轴,检查是否转动灵活,有无卡滞或异常阻力。

②连接减速机的电气线路,并根据减速机和机器人的要求,设置好相关的电气参数,如电动机的转速、扭矩等。

③空载试运行:接通电源,让机器人进行空载试运行,观察减速机的运行状态,包括声音、振动、温度等是否正常。同时,检查各连接部位是否有松动或渗漏油现象。

④负载测试:在空载运行正常后,逐渐增加机器人的负载,进行负载测试。检查减速机在不同负载下的运行情况,确保其能够满足机器人的工作要求。

任务实施

工业机器人本体在运动过程中出现漏油渗油、震动噪声、抖动、轨迹偏差故障等现象,模拟企业真实工作场景，3 名同学为一组，2 名同学依据所学内容，根据实际故障现象查找分析原因，并按操作步骤完成工业机器人本体故障的处理，另外 1 名同学进行监督和评分，小组合作详细记录工业机器人本体故障分析与排除表（见表 3-3-5）。

一、准备工作

①正确穿戴安全防护设备。

②领取工业机器人本体维护保养常用工具（见表 1-2-2），以及电工胶带一卷、束线带若干、万用表一个、软布一块。

③进入现场前，确认设备处于停机断电状态。

二、故障诊断与排除

表 3-3-5 工业机器人本体故障分析与排除表

记录人员： 操作人员： 日期：

序号	工作内容	关键流程	任务结果	出现的问题	解决办法
1	漏油渗油故障的诊断与处理	①外观检查：查看齿轮箱减速机的外壳、密封处、结合面等部位	□完成 □未完成		
		②油位检查：利用油位计或放油塞，检查齿轮箱减速机的油位	□完成 □未完成		
		③压力测试：使用压力检测设备，对齿轮箱减速机进行压力测试	□完成 □未完成		
		④温度检测：在运行过程中，使用温度传感器或红外测温仪检测齿轮箱减速机的温度	□完成 □未完成		
2	机械噪声故障的诊断与处理	①声音分析：聆听噪声特征，利用频谱分析仪或声音分析软件，识别噪声频率和来源	□完成 □未完成		
		②视觉检查：查看机器人各部件是否有磨损、损坏、松动、变形、缺油、相互碰撞或剐蹭等情况	□完成 □未完成		
		③振动检测：使用振动传感器，检测机器人各部位的振动情况	□完成 □未完成		
		④温度监控：检查机器人的电动机、齿轮箱、轴承等部件的温度	□完成 □未完成		
		⑤空载与负载测试：使机器人分别在空载及负载状态下运行，观察噪声发生情况	□完成 □未完成		
		⑥参数检查：检查机器人的伺服参数是否合理	□完成 □未完成		
		⑦系统诊断工具：利用机器人提供的诊断软件或工具辅助判断故障	□完成 □未完成		
3	抖动故障的诊断与处理	①外观检查： a. 机械部件。检查机器人的关节、连杆、齿轮等机械部件外观情况。 b. 线缆连接。检查机器人电源线、信号线等线缆外观情况	□完成 □未完成		

续表

序号	工作内容	关键流程	任务结果	出现的问题	解决办法
3	抖动故障的诊断与处理	②运动状态监测： a. 空载运行。在机器人在空载状态下进行各类运动，观察抖动现象，记录抖动参数 b. 负载运行。在机器人负载一定重量的情况下，重复运动测试，分析负载与抖动的关系	□完成 □未完成		
		③系统参数检查： a. 检查速度和加速度参数是否合理。 b. 检查增益参数设置是否合理	□完成 □未完成		
		④传感器检查： a. 检查机器人关节上的编码器是否正常工作 b. 检查力传感器的工作状态，	□完成 □未完成		
		⑤软件和程序检查： a. 检查机器人的控制程序代码。 b. 检查机器人的软件版本是最新版本，且与硬件兼容	□完成 □未完成		
		⑥数据分析与故障定位： a. 记录机器人抖动时的相关数据，分析抖动与参数的关联 b. 将故障机器人的数据与正常运行的同型号机器人的数据进行对比分析	□完成 □未完成		
4	轨迹偏差故障的诊断与处理	①轨迹测量：运用高精度测量设备进行轨迹测量，将数据与编程设定的理论轨迹对比	□完成 □未完成		
		②视觉检测：通过布置工业相机，实时监测机器人的运动过程，通过技术分析判断是否存在轨迹偏差	□完成 □未完成		
		③系统日志分析：查看机器人控制系统的日志文件，提取并分析相关数据，发现异常波动或错误，查找轨迹偏差原因	□完成 □未完成		
		④手动示教验证：让机器人按照特定路径和点运动，观察手动示教操作下的轨迹表现	□完成 □未完成		
5	工业机器人减速机更换	①拆卸过程：打开外壳；断开伺服电动机的线缆插头；移除伺服电动机；松开紧固螺钉取出谐波发生器；松开紧固螺钉取出刚轮	□完成 □未完成		
		②安装过程：清洁安装位置、检查安装面平整度、检查安装尺寸和配合部位匹配度；将新减速机放至安装位置；安装刚轮；安装谐波发生器；补充润滑脂；连接线缆插头；用扎带固定线缆；安装外壳	□完成 □未完成		
		③调试与测试：通电前手动转动减速机的输入轴或输出轴，检查是否转动灵活；连接电气线路，设置电气参数；接通电源，空载试运行并观察减速机的运行状态是否正常；进行负载测试，检查减速机在不同负载下的运行情况	□完成 □未完成		

三、任务结束

①归还工具。
②归还安全防护设备。
③提交维修记录表。

任务评价

任务评价见表 3-3-6。

表 3-3-6　任务评价表

序号	评价内容	评价标准	分数	评分记录		
				学生自评	组间互评	教师评分
1	漏油渗油故障的诊断与处理	①不能查找出漏油渗油的原因，共 8 种，每错一项扣 1 分，共 8 分； ②能查出原因，但不会进行故障排除，每错一项扣 1 分，共 8 分	16			
2	机械噪声故障的诊断与处理	①不能查找出机械噪声的原因，共 12 种，每错一项扣 0.5 分，共 6 分； ②能查出原因，但不会进行故障排除，们，每错一项扣 2 分，共 8 分	14			
3	抖动故障的诊断与处理	①不能查找出抖动的原因，共 10 种，每错一项扣 1 分，共 10 分； ②能查出原因，但不会进行故障排除，们，每错一项扣 1 分，共 10 分	20			
4	轨迹偏差故障的诊断与处理	①不能查找出轨迹偏差的原因，共 9 种，每错一项扣 0.5 分，共 4 分，扣完为止； ②能查出原因，但不会进行故障排除，们，每错一项扣 1 分，共 9 分	13			
5	更换减速机	①不能拆除工业机器人轴 4 位置的伺服电动机，扣 1 分； ②不能取出谐波发生器和刚轮，扣 1 分； ③不能用扭矩扳手将刚轮安装在上臂壳上，扣 2 分； ④不能用扭矩扳手将谐波发生器安装在曲轴上，扣 2 分； ⑤未补充相应量的润滑脂，扣 2 分； ⑥不能将伺服电动机安装上臂壳中的法兰上，扣 2 分； ⑦未将连接轴 4 伺服电动机的线缆插头，扣 2 分； ⑧未用扎带对线缆束进行固定，扣 1 分； ⑨未安装轴 4 位置的外壳，扣 2 分； ⑩不会进行减速机的通电测试，扣 2 分； 共 17 分，扣完为止	17			

续表

序号	评价内容	评价标准	分数	评分记录		
				学生自评	组间互评	教师评分
6	安全生产	①劳动保护用品穿戴不整齐,扣2分; ②操作中,未遵守操作规程,违反安全文明生产中设备操作、设备调试、用电安全知识,扣5分; ③操作结束未清理现场,扣3分	10			
7	学生考勤情况	无迟到、早退、旷课	5			
8	工作态度	态度认真、团队合作、任务完成质量良好(字迹工整、问题与解决办法合理清晰)	5			
总分			100			

巩固练习

一、选择题

1. (　　)故障属于工业机器人软件故障。

A. 加工程序出错　　B. 集成电路芯片发生故障

C. 第五轴无法正常运行　　D. 工业机器人外部扩展通信模块插接不牢固

2. 当操作或运行工业机器人时,出现碰撞、故障等状况时,应第一时间(　　)。

A. 关控制柜电源　　B. 切断总电源

C. 按下紧急停止按钮　　D. 松开确认键

二、填空题

1. 常见的工业机器人本体机械故障的诊断方式以程度分类分为__________和__________,以是否在场的方式分类为电话咨询诊断、__________。

2. 一般性机械故障有:__________、异响、__________、轨迹误差。

3. 严重性机械故障有:伺服跟踪错误报备、__________(不报警)、机器人下落等情况。

三、简答题

1. 简述工业机器人本体故障的种类。

2. 简述工业机器人本体故障的诊断方法。

3. 简述工业机器人本体一般性机械故障分析。

任务四　校准工业机器人本体

情景导入

企业中的一批工业机器人长时间运行后,运动精度发生了变化,现在需要小王解决这个问题。而小王不了解这个问题的本质,为此他请教了师傅老王。老王告诉小王,运动精度影响机器人末端执行器绝对定位精度,需对机器人本体关节进行校准,来保证工业机器人的运动精度。

学习目标

一、知识目标

①了解工业机器人校准的概念。
②了解工业机器人需要校准的情况。
③熟悉工业机器人的同步标记和轴同步位置。

二、能力目标

①会对工业机器人进行转速计数器更新。
②会对工业机器人进行校准。

三、素养目标

①提高熟练的校准操作能力。
②弘扬精益求精的工匠精神。

任务描述

当我们在实际生产过程中,发现工业机器人运动精度低、位置不准确时,不要慌张,首先检查工业机器人校准位置对不对,然后对其进行相关的校准操作。如果是其他方面造成的故障,再通过故障树进行排查。

核心知识

一、认识工业机器人校准

工业机器人校准是一个集建模、测量、机器人实际参数辨识、误差补偿实现于一体的过程,是确保工业机器人高精度、高性能运行的关键环节。工业机器人常用的校准方法有手动校准和工具校准。

手动校准指手动将机器人各轴零点标记对准,记录当前转数计数器数据,控制柜内部将自动计算出该轴的零点位置,并以此作为各轴的基准进行控制。

工具校准指借助标定工具,将机器人各轴零点标记对准,记录当前转数计数器数据,控制柜内部将自动计算出该轴的零点位置,并以此作为各轴的基准进行控制。工具校准精度高于手动校准。

1. 需要校准的几种情况

工业机器人需要校准的标准,不同品牌的机器人其描述方式略有不同。原因在于自产的部件命名的差异,以下为 ABB 工业机器人需要校准的情况。

(1)分解器值更改

如转数计数器值更改,则必须采用 ABB 提供的校准方法,按照手册中提供的标准,仔细重新校准机器人。

当更换机器人上影响校准位置的部件时,如电动机或传输部件,分解器值会更改。

(2)转数计数器内存记忆丢失

如果转数计数器内存记忆丢失,必须更新转数计数器,即需要重新校准机器人。以下情况会使转数计数器内存记忆丢失:

①电池放电。
②出现分解器错误。

③分解器和测量电路板间信号中断。

④控制系统断开时移动机器人轴。

机器人和控制柜在第一次安装中相连后，也必须更新转数计数器。

(3)重新组装机器人

如重新组装机器人，例如在碰撞后或更改机器人的工作范围时，需要重新校准新的分解器值。

视频

机器人的机械零点位置

2. 同步标记和轴同步位置

(1)确认校准位置

以 ABB IRB 120 工业机器人为例，其本体的6个轴均有零点标记，如图3-4-1 和图3-4-2所示。手动将机器人各轴零点标记对准，记录当前转数计数器数据，控制柜内部将自动计算出该轴的零点位置(见表3-4-1)，并以此作为各轴的基准进行控制。

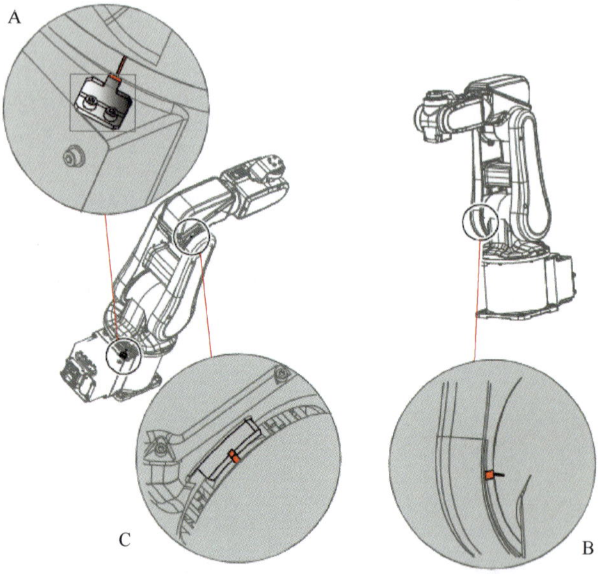

A—轴1校准标记；B—轴2校准标记；C—轴3校准标记。

图3-4-1　轴1至轴3的校准标记位置

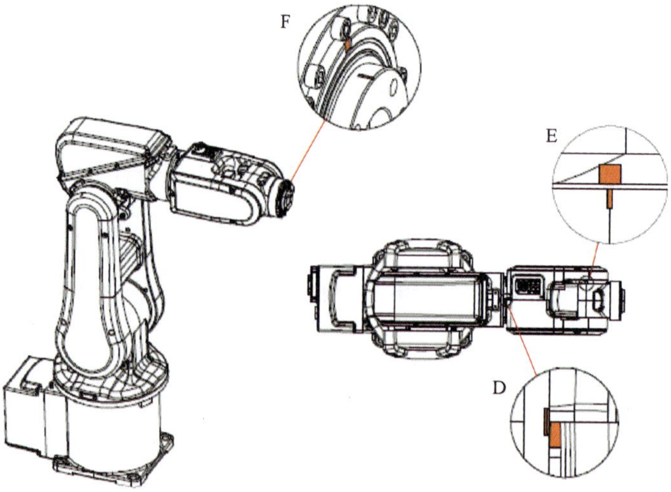

D—轴4校准标记；E—轴5校准标记；F—轴6校准标记。

图3-4-2　轴4至轴6的校准标记位置

(2)确认各轴的运动方向

校准时,轴必须一直运转至相同方向的校准位置,以避免由齿轮侧隙等引起的位置错误,其正方向如图 3-4-3 所示。

视频 机器人本体回零

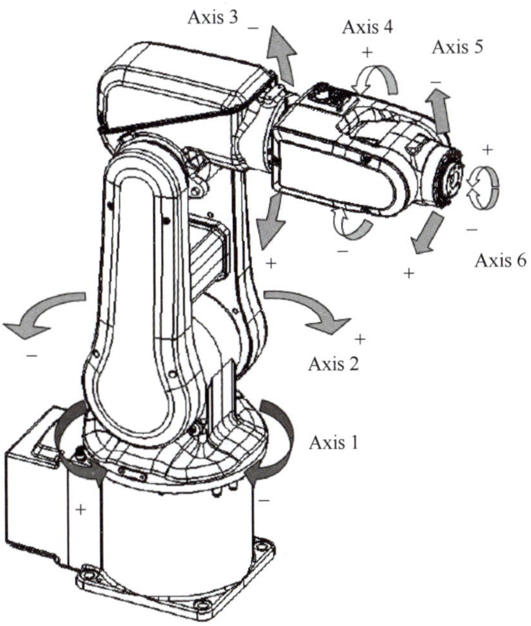

图 3-4-3　ABB IRB 120 工业机器人各轴的运动方向

校准服务例行程序将自动处理校准运动,这些可能会与如下所示的位置方向不同。

二、更新转数计数器

视频 转数计数器更新

以 IRB 120 工业机器人为例,使用 FlexPendant 更新每根轴的转数计数器值。

1. 手动将各轴运转至同步位置

①选择手动操作模式。

②操纵机器人对齐同步标记。

③定位好所有轴之后,更新转数计数器。

当操纵机械臂至同步位置时,应确保机械臂的轴 4 和轴 6 正确定位,这一点极为重要。否则,这些轴可能会按错误的顺序进行校准,从而导致机械臂校准错误。

确保这些轴按照正确的校准值而不仅是校准标记进行定位。在位于下臂上底座或框架法兰盘下的标签上可找到正确的校准值。

操纵器出厂时已正确定位,因此在转数计数器更新前,切勿在通电状态下旋转轴 4 或轴 6。

如果在更新转数计数器之前将各轴从其校准位置旋转一周或数周,就会因齿轮速比为非整数,而导致偏离正确的校准位置。

如果同步标记似乎错误(即使电动机校准数据正确),应尝试旋转轴一次、更新转数计数器并再次检查同步标记(如有需要,两个方向都尝试)。

2. 用 FlexPendant 更新转数计数器

①在 ABB 菜单上,单击“校准”,如图 3-4-4 所示。

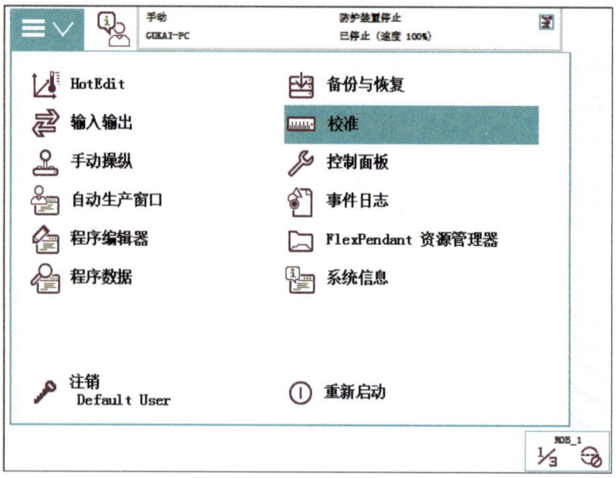

图 3-4-4　单击“校准”

②之后与系统相连的所有机械单元将连同校准状态一起显示。单击所涉及的机械单元，如图 3-4-5 所示。

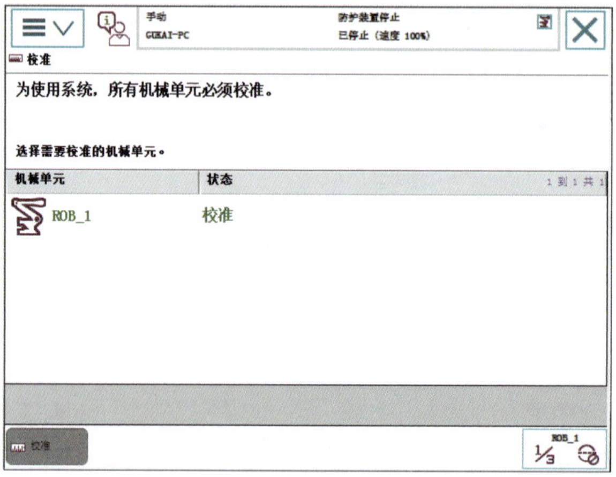

图 3-4-5　单击所涉及的机械单元

③界面将显示每根轴在工厂使用的校准方法以及最后一次现场校准使用的校准方法。单击“手动方法(高级)”，如图 3-4-6 所示。此步骤适用于 RobotWare 6.02 及更高版本。

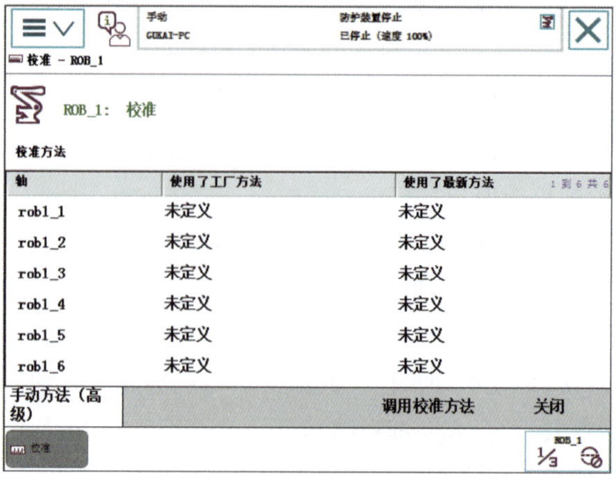

图 3-4-6　单击“手动方法(高级)”

④单击“转数计数器”→“更新转数计数器”，如图 3-4-7 所示。

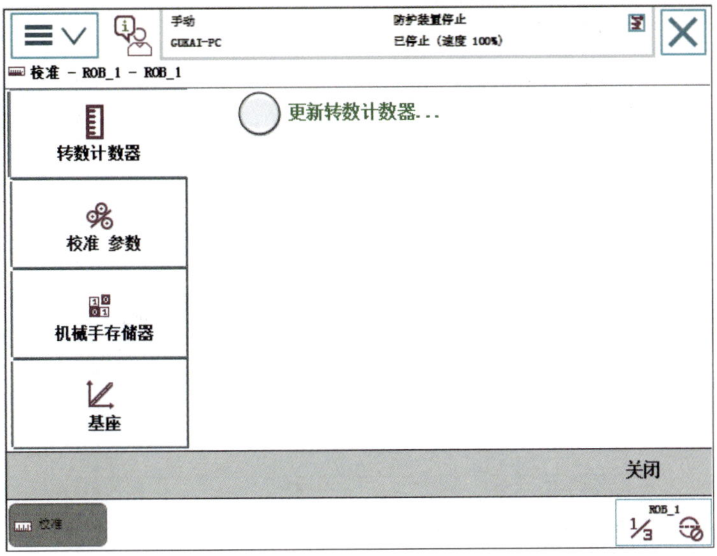

图 3-4-7　单击“更新转数计数器”

⑤系统将弹出“警告”对话框（见图 3-4-8），警告更新转数计数器可能会改变预设机器人位置。

图 3-4-8　弹出“警告”对话框

- 单击“是”，更新转数计数器。
- 单击“否”，取消更新转数计数器。

⑥单击“是”，显示轴选择窗口，如图 3-4-9 所示。

⑦选择需要更新转数计数器的轴，如勾选左边的复选框，全选后单击“更新”，更新所有的轴，如图 3-4-10 所示。

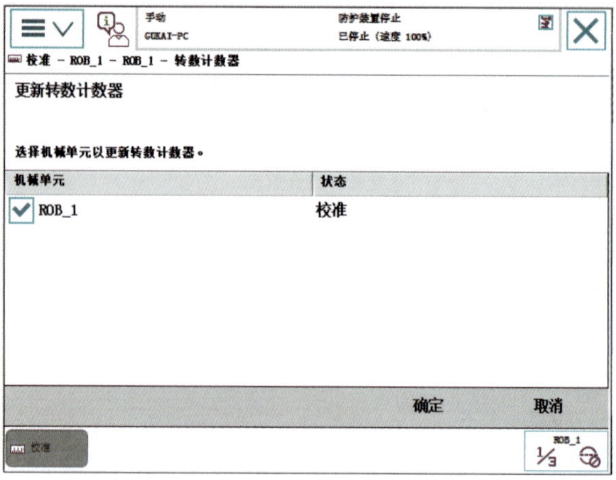

图 3-4-9　轴选择窗口

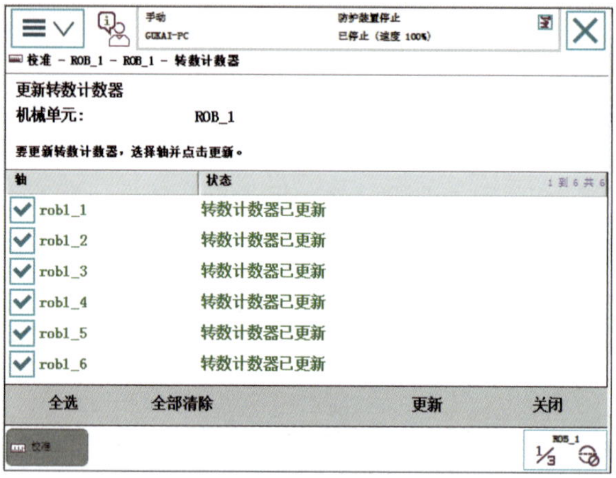

图 3-4-10　更新转数计数器的轴

⑧系统将弹出“警告”对话框(见图 3-4-11)，警告更新操作不能撤销。

⑨如果单击“更新”，以继续更新转数计数器，所选轴的转数计数器将被更新。如果单击“取消”，以取消更新转数计数器，计数器保持不变。

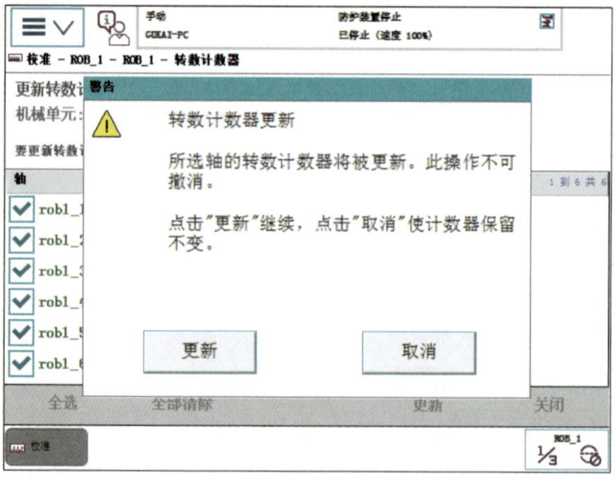

图 3-4-11　弹出“警告”对话框

三、手动方法校准

校准工具集：

- 校准工具轴 5 和轴 6
- 连接螺钉 M5x12 优质钢 8. 8-A2F(4 pcs)
- 导销

①使用 FlexPendant 将机器人的 6 个轴移动到校准针脚的位置(见图 3-4-12 和表 3-4-1)。

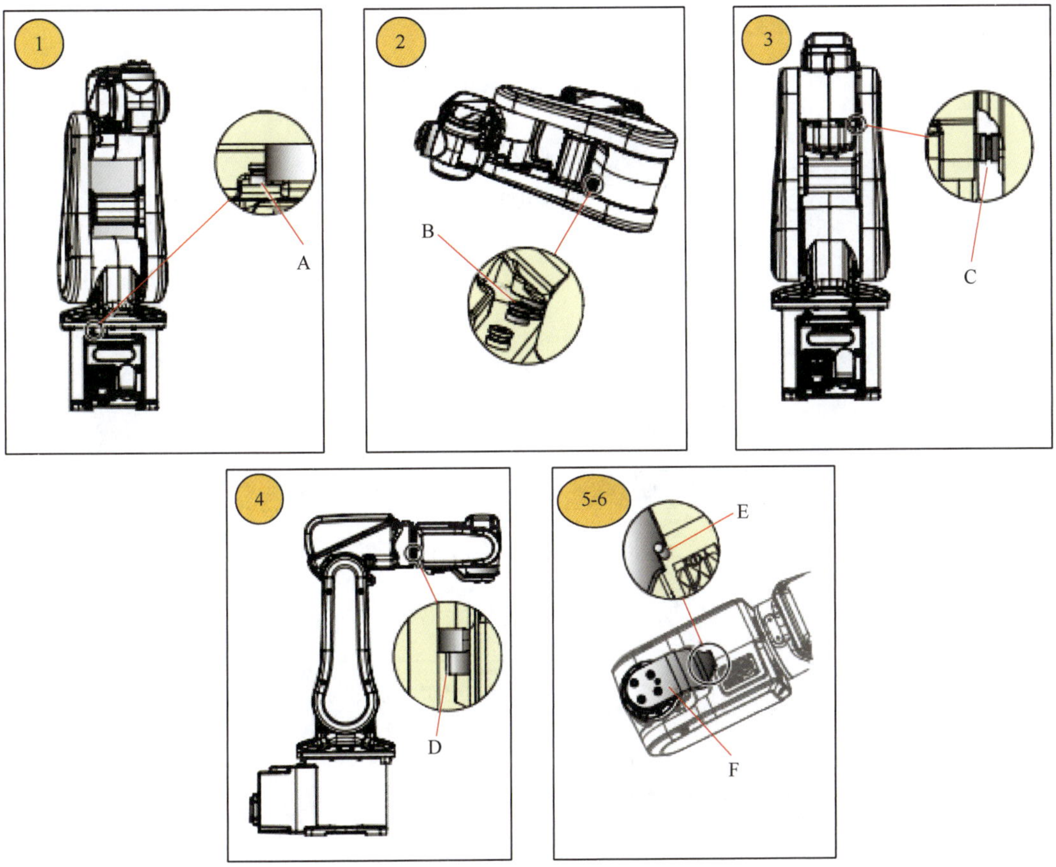

A—轴 1 校准标记；B—轴 2 校准标记；C—轴 3 校准标记；D—轴 4 校准标记；
E—轴 5、轴 6 校准标记；F—轴 5、轴 6 校准工具。

图 3-4-12　轴 1-3、轴 4-6 校准针脚位置

表 3-4-1　标记对应的轴

序　　号	关节名称
1	校准轴 1(将轴 1 旋转 –170. 2°)
2	校准针脚(按轴 1 校准标记 A)
3	校准轴 2(将轴 2 旋转 –115. 1°)
4	校准针脚(按轴 2 校准标记 B)
5	校准轴 3(将轴 3 旋转 75. 8°)
6	校准针脚(按轴 3 校准标记 C)

续表

序　　号	关节名称
7	校准轴 4(将轴 4 旋转 -174.7°)
8	校准针脚(按轴 4 校准标记 D)
9	校准轴 5-6(将轴 5 旋转 -90°,将轴 6 旋转 90°)
10	校准针脚(按轴 5、轴 6 校准标记 E)
11	校准工具(轴 5、轴 6)

从校准菜单中选择“微校”,如图 3-4-13 所示。

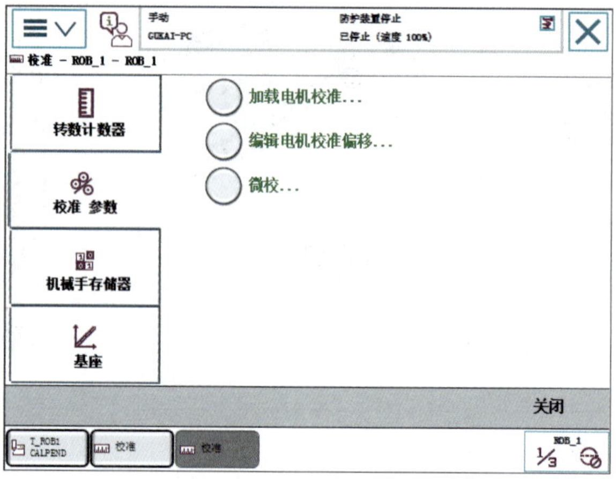

图 3-4-13　校准菜单中选择“微校”

②选择某个轴或者全部轴进行校准,如图 3-4-14 所示。

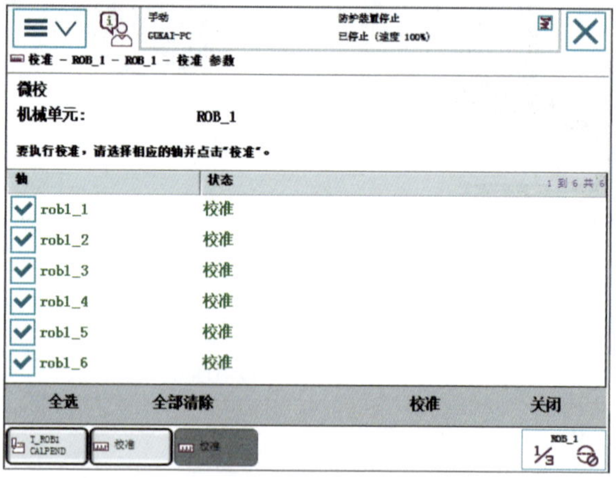

图 3-4-14　选择需要校准的轴

③单击图 3-4-14 中“校准”之后,便可以对工业机器人相应的轴进行精确校准。

④校准之后,需要重新更新转速计数器的值。

⑤校准任何机器人轴后,务必验证结果,以验证所有校准位置是否正确。

应运行校准原位置程序两次。运行该程序后,不要更改机器人轴的位置。如有必要,在校准完成时调整同步标记，将值写在新标签上，然后将其贴在校准标签上，再从机器人取下校准设备。

四、Axis Calibration 方法校准

Axis Calibration 过程适用于所有轴，每次在一根轴上进行。工业机器人轴按照 FlexPendant 示教器上的说明，手动和自动移动到位置上。每根机器人轴上都装有固定的校准销子和轴衬。

执行校准时，机器人需要连接到电源。确保机器人工作区域已清空，以应对不可预测的机器人移动。将校准工具擦拭干净，由于校准方法很精确，因此灰尘、污渍或彩色碎屑都将影响校准值。

校准工具集：

- 校准工具轴 5 和轴 6
- 连接螺钉 M5x12 优质钢 8.8-A2F(4 pcs)
- 导销

Axis Calibration 方法校准的大致过程：

①在“校准”菜单中单击“调用校准方法”选项，如图 3-4-15 所示。

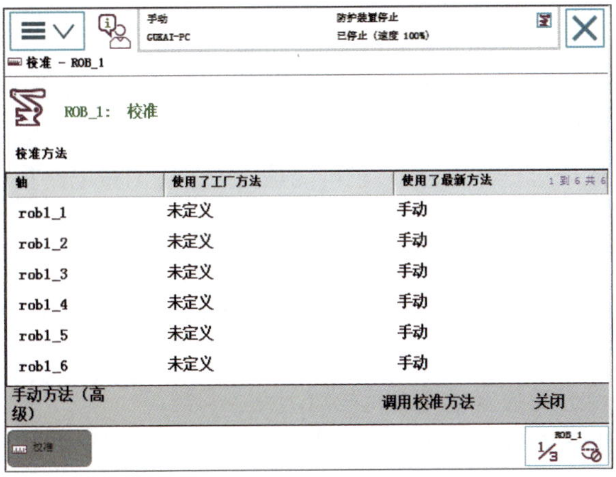

图 3-4-15　单击“调用校准方法”选项

②选择校准程序，如图 3-4-16 所示。选择要校准的轴。

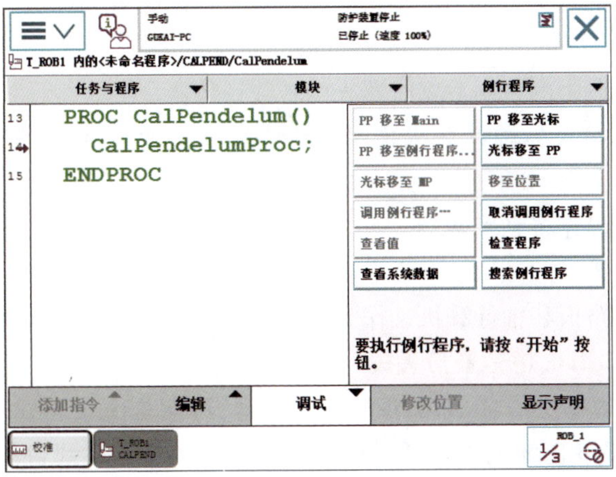

图 3-4-16　选择校准程序

③将机器人移动到同步位置。

④验证同步标记。

⑤将机器人移动到准备位置。

⑥从固定销上卸下保护盖，从轴衬上卸下保护塞（如有），然后安装校准工具，轴 1、2 和 3 装有阻尼器，需要先卸除。

⑦机器人会通过反复转动轴来执行测量步骤。

⑧卸下校准工具并装回固定销上的护盖和轴衬上的保护塞（如有）。装回轴 1、2 和 3 上的阻尼器。

⑨选择是否保存校准数据。

作为校准过程的最后一步，校准数据保存后，机器人校准才算完成。机器人如果需要投入运行，需要重新更新转速计数器的值。

五、与校准有关的故障分析与排除

1. 系统报警提示“10036 转数计数器未更新”

打开示教器，查看状态栏信息，如出现上述报警时，可将轴移至同步位置并更新转数计数器。

2. 系统报警提示“38101，SMB 通信故障”

打开示教器，查看状态栏信息，如出现上述报警时，系统进入“系统故障”状态并丢失校准消息。出现上述现象可能原因包括接触不良或电缆（屏蔽）损坏，特别是采用非 ABB 机器人专用附加轴电缆时更易出现上述现象。除此以外，也可能是因为串行测量电路板或轴计算机出现故障。

建议措施：

①参阅机器人产品手册中的详细说明，重新设置机器人的转数计数器。

②确保串行测量电路板和轴计算机之间的电缆正确连接且符合 ABB 机器人设定的规格。

③确保电缆屏蔽两端正确连接。

④确保机器人接线附近无极度电磁干扰辐射。

⑤确保串行测量电路板和轴计算机正常工作。

3. 系统报警提示“38103，与 SMB 的通信中断”

打开示教器，查看状态栏信息，如出现上述报警时，系统进入“系统故障”状态并丢失校准消息。这种故障现象可能是接触不良或者线路（屏蔽）不佳导致的，尤其是在附加轴上使用了非 ABB 机器人线缆的情况时。另外的可能原因是串行测量电路板或轴计算机故障。

建议措施：

①按机器人产品手册中的说明重置机器人的转数计数器。

②确保串行测量电路板与轴计算机之间的线路连接正确，且线路符合 ABB 机器人规定的规格。

③确保线路屏蔽正确连接到了两端。

④确保靠近机器人线路的区域没有强电磁干扰。

⑤确保串行测量电路板和轴计算机工作完全正常。更换任何故障部件。

4. 系统报警提示“38200，电池备份丢失”

打开示教器，查看状态栏信息，如出现上述报警时，可能是由于 SMB 电池已放电或未连接。对于某些机器人型号，SMB 电池电源是通过机器人信号电缆中的跳线供电的（请参阅 IRC5 电路图），断开电缆会阻断电池供电。某些早期版本的机器人使用的是可充电电池，这些电池必须至少充电 18 h 才能正常工作。

建议措施：

①确保将已充电的 SMB 电池连接到电路板。

②断开机器人信号电缆可能会断开 SMB 电池供电，从而触发电池警告开始记录。

③遵循“操作员手册-Calibration Pendulum 校准”或“IRB 120 产品手册”中的详细说明，通过更新转数计数器来重设电池电源警告。

④如果电池放电，请更换电池。

5. 系统报警提示“50053，转数计数器的差异过大”

打开示教器，查看状态栏信息，如出现上述报警时，可能是电源关闭时手动更改了机器人手臂的位置。另外也可能是串行测量电路板、分解器或电缆故障。

建议措施：

①更新转数计数器。

②检查分解器和电缆。

③检查串行测量电路板，判定其是否存在故障，更换有故障的单元。

6. 系统报警提示“50057，关节未同步”

打开示教器，查看状态栏信息，如出现上述报警时，说明断电/掉电后关节 arg 的位置距离断电/掉电前的位置太远。建议重新更新转数计数器。

学习笔记

任务实施

模拟企业真实工作场景，3名同学为一组，2名同学依据所学内容，根据实际故障现象查找分析原因，并按操作步骤完成工业机器人本体与校准相关的故障处理，另外1名同学进行监督和评分，小组合作详细记录故障分析与排除表(见表3-4-2)。

一、准备工作

①正确穿戴安全防护设备。

②领取工具：校准工具一个、软布一块。

③进入现场前，确认设备处于停机断电状态。

二、故障诊断与排除

表 3-4-2　工业机器人本体与校准有关的故障分析与排除表

记录人员：　　　　　　操作人员：　　　　　　日期：

序号	工作内容	关键流程	任务结果	出现的问题	解决办法
1	系统报警提示“10036转数计数器未更新”	①选择手动操作模式	□完成 □未完成		
		②依次将关节轴4-6和1-3运动到机械原点的刻度位置	□完成 □未完成		
		③在ABB菜单上，单击“校准”	□完成 □未完成		
		④单击机械单元下的“ROB_1”	□完成 □未完成		
		⑤单击“手动方法(高级)”	□完成 □未完成		
		⑥选择“校准参数”，选择“编辑电机校准偏移…”，将机器人本体上电动机校准偏移记录下来。单击“是”	□完成 □未完成		
		⑦输入刚才从机器人本体记录的电动机校准偏移数据，然后单击“确定” (注：如果示教器中显示的数值与机器人本体上的标签数值一致，则无须修改，直接单击“取消”退出。)	□完成 □未完成		
		⑧重回校准，选择“转数计数器”，单击“更新转数计数器”，这时会跳出对话框显示，警告更新转数计数器可能会改变预设机器人位置：单击“是”，更新转数计数器；单击“否”，取消更新转数计数器	□完成 □未完成		
		⑨单击“是”，勾选“ROB_1”，单击“确定”。显示轴选择窗口	□完成 □未完成		
		⑩单击“全选”，然后单击“更新”。 (注：如果机器人由于安装位置的关系，无法6个轴同时到达机械原点刻度位置，则可以逐一对关节轴进行转数计数器更新。)	□完成 □未完成		

续表

序号	工作内容	关键流程	任务结果	出现的问题	解决办法
1	系统报警提示“10036 转数计数器未更新”	⑪单击“更新”，操作完成后，等待更新，直至转数计数器更新完成	□完成 □未完成		
2	系统报警提示“38101，SMB 通信故障”	①参阅机器人产品手册中的详细说明，重新设置机器人的转数计数器	□完成 □未完成		
		②确保串行测量电路板和轴计算机之间的电缆正确连接且符合 ABB 机器人设定的规格。检查连接线缆有无破损或断裂，如有，应更换线缆	□完成 □未完成		
		③确保电缆屏蔽两端正确连接	□完成 □未完成		
		④确保机器人接线附近无极度电磁干扰辐射	□完成 □未完成		
		⑤确保串行测量电路板和轴计算机正常工作	□完成 □未完成		
3	系统报警提示“38103，与 SMB 的通信中断。”	①重置机器人的转数计数器	□完成 □未完成		
		②确保串行测量电路板与轴计算机之间的线路连接正确，且线路符合 ABB 机器人规定的规格	□完成 □未完成		
		③确保线路屏蔽正确连接到了两端	□完成 □未完成		
		④确保靠近机器人线路的区域没有强电磁干扰	□完成 □未完成		
		⑤确保串行测量电路板和轴计算机工作完全正常。更换任何故障部件	□完成 □未完成		
4	系统报警提示“38200，电池备份丢失”	①确保将已充电的 SMB 电池连接到电路板	□完成 □未完成		
		②断开机器人信号电缆可能会断开 SMB 电池供电，从而触发电池警告开始记录	□完成 □未完成		
		③遵循“操作员手册- Calibration Pendulum 校准”或“IRB 120 产品手册”中的详细说明，通过更新转数计数器来重设电池电源警告	□完成 □未完成		
		④如果电池放电，请更换电池	□完成 □未完成		
5	系统报警提示“50053，转数计数器的差异过大”	①更新转数计数器	□完成 □未完成		
		②检查分解器和电缆	□完成 □未完成		
		③检查串行测量电路板，判定其是否存在故障。更换有故障的单元	□完成 □未完成		

三、任务结束

①归还工具。

②归还安全防护设备。

③提交维修记录表。

任务评价

任务评价见表3-4-3。

表3-4-3　任务评价表

序号	评价内容	评价标准	分数	评分记录		
				学生自评	组间互评	教师评分
1	系统报警提示“10036转数计数器未更新”	①不能手动操作将机器人6个轴运行至机械原点，扣5分。 ②未校准“编辑电机校准偏移…”，扣5分。 ③不会进行转数计数器更新，扣5分	15			
2	系统报警提示“38101，SMB通信故障”	①串行测量电路板和轴计算机之间的电缆连接不正确，或者连接线缆有破损或断裂，扣5分。 ②线路屏蔽未正确连接到两端，或靠近机器人线路的区域有强电磁干扰，扣5分。 ③串行测量电路板和轴计算机未正常工作，扣5分	15			
3	系统报警提示“38103，与SMB的通信中断。”	①不会重置机器人的转数计数器，扣5分。 ②串行测量电路板与轴计算机之间的线路连接不正确，扣5分。 ③线路屏蔽未正确连接到两端，或靠近机器人线路的区域有强电磁干扰，扣5分。 ④串行测量电路板和轴计算机工作不正常，扣5分	20			
4	系统报警提示“38200，电池备份丢失”	①SMB电池未连接到电路板，扣5分。 ②不会通过更新转数计数器来重设电池电源警告，扣5分	10			
5	系统报警提示“50053，转数计数器的差异过大”	①不会更新转数计数器。 ②不会检查判定串行测量电路板是否存在故障，扣5分	10			
6	安全生产	①劳动保护用品穿戴不整齐，扣5分。 ②操作中，未遵守操作规程，违反安全文明生产中设备操作、设备调试、用电安全知识，扣10分。 ③操作结束未清理现场，扣5分	20			
7	学生考勤情况	无迟到、早退、旷课	5			
8	工作态度	态度认真、团队合作、任务完成质量良好（字迹工整、问题与解决办法合理清晰）	5			

总分	100			

巩固练习

一、选择题

1. (　　)情况不需要进行工业机器人零点校准。

A. 新购买的机器人　　B. 本体电池没电

C. 转数计数器丢失　　D. 断电重启

2. 在ABB工业机器人中,对机器人进行零点校准时,不需要的操作是(　　)。

A. 使机器人6个轴均处于零点位置　　B. 查看机器人电动机校准偏移值

C. 更新转数计数器　　D. 进行脉冲复位

3. 在(　　)窗口可以标定工业机器人的零位。

A. 程序编辑器　　B. 手动操作　　C. 校准　　D. 控制面板

二、填空题

1. 工业机器人常用的校准方法有__________和__________。

2. 手动校准是指手动将工业机器人各轴__________标记对准,记录当前__________数据,控制柜内部将自动计算出该轴的零点位置,并以此作为各轴的基准进行控制。

三、简答题

1. 简述工业机器人常用的校准方法。

2. 简述工业机器人需要校准的情况有哪些。

3. 简述转数计数器更新的操作步骤。

拓展阅读

凌伟华:三峡电厂检修中的“定海神针”

三峡电站的建设成就不仅赢得了国内建设者的广泛认可,还赢得了国外制造厂商的高度赞誉。在电厂从国外引进设备的过程中,技术骨干们常常肩负起“接机”的重任,凌伟华作为检修领域的佼佼者,更是这一任务中的常客。

某次“接机”过程中,新引进的设备在调试时遭遇了油压异常的难题。面对这一突发状况,三峡电厂的检修团队与外国制造商的专家们轮番上阵,却都束手无策。时间紧迫,设备无法如期投入使用的压力让所有人心急如焚。这时,凌伟华凭借丰富的经验,提出了一个看似简单却至关重要的建议——检查排油孔是否堵塞。起初,这一建议并未引起足够的重视,毕竟新设备理论上不应存在此类问题。然而,随着时间的推移,问题依旧未能解决,人们终于采纳了凌伟华的建议。果不其然,技术人员在排油孔中发现了细小的颗粒,正是这些微不足道的沙粒导致了油压异常。

凌伟华的精准判断与执着精神赢得了在场所有人的敬佩,包括外国制造商在内的评估人员也纷纷向他投来赞许的目光。尽管双方交流存在语言障碍,但外国厂商还是记住了凌伟华安全帽上的标号“113”,每当需要他时,便通过这三个数字迅速传达信息。凌伟华也因此被誉为移动的检修“百科全书”，他的专业能力与敬业精神成为了同事们学习的榜样。

面对赞誉，凌伟华却保持着谦逊的态度。他认为自己只是做了应该做的事，对于工作中的每一个细节都力求完美。为了更好地理解和运用国外引进设备的英文资料，他自学英语，成为了工友们眼中的“翻译专家”。他深知只有深入理解原文并结合实际工作经验，才能确保翻译的准确性。这种对工作的严谨态度和对技术的精益求精精神，让他成为了三峡水电站不可或缺的宝贵财富。

30 多年来，凌伟华始终坚守在调速器检修的岗位上，无论面对何种困难和挑战，他都从未放弃过对完美的不懈追求。他的故事只是三峡水电站众多一线工人奋斗历程的一个缩影。正是有了这些默默无闻、无私奉献的工人们，三峡水电站才能取得今天的辉煌成就。他们用自己的实际行动诠释了“静下心来，发现工作的乐趣”这一最简单也最深刻的秘诀。

项目四 工业机器人系统维护

项目导入

小李上班时像往常一样正常启动 ABB 工业机器人，通电后他发现虽然示教器、计算机、伺服驱动模块指示灯亮，但工业机器人系统进入不了初始化状态。

小李不知道该怎么解决，于是去请教师傅，师傅告诉他：出现这种故障的原因是工业机器人的主计算机板上的电池已经没有电。在断电条件下，该电池的续航能力为 15 天，如果在 15 天以上工业机器人控制柜仍处于断电状态，工业机器人的电池电能将耗尽，会造成主板 CPU 无法读存储器内的初始化程序。解决此故障的办法是对工业机器人控制柜连续通电 15 h 以上，让电池充足电。如果采用上述办法该故障还是消除不了，则故障原因可能是计算机主板或电池有问题，更换主板或电池后一般可以解决。师傅还告诉他，当机器人长时间处于停用状态，可将 SMB 电池关闭，以延长电池寿命。同时在实际生产过程中，机器人也会发生其他故障现象。掌握工业机器人系统维护操作，即解决系统常见故障是作为工业机器人系统运维人员必备的职业技能。

知识导图

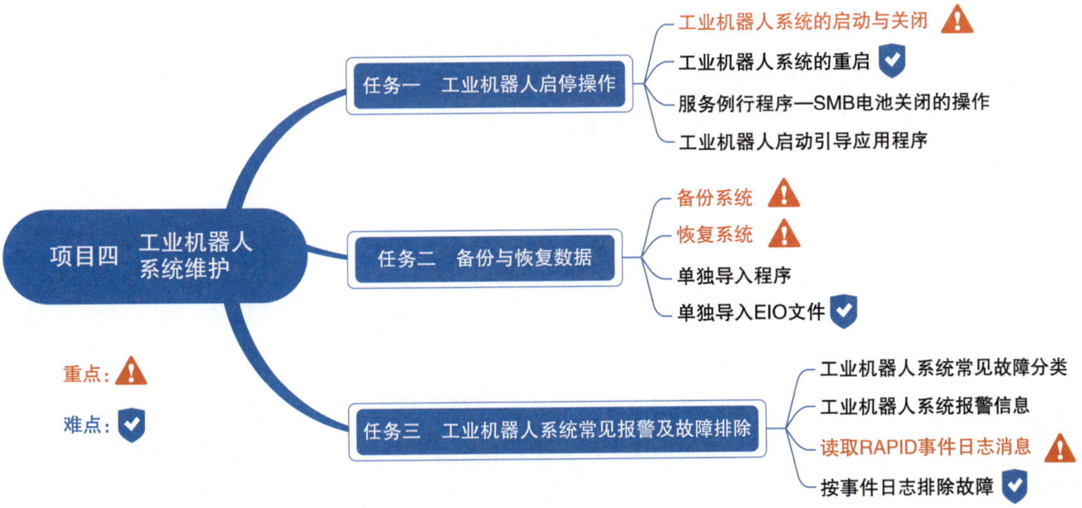

任务一　工业机器人启停操作

情景导入

在工业机器人启动的过程中，某台工业机器人设备系统重启出现了问题，于是师傅教小李使用应用启动引导程序将示教器的系统重启。

学习目标

一、知识目标

①掌握工业机器人系统的启动、关闭操作步骤。
②掌握工业机器人系统重启的操作步骤。

二、能力目标

①会启动和关闭工业机器人。
②会重启工业机器人系统。
③会调用服务例行程序进行SMB电池关闭操作。

三、素养目标

①强化规范意识与素养。
②培养团队协作的精神。

任务描述

无论是工业机器人操作运维员还是编程调试员，在维护、维修、调试或运行工业机器人之前，都要掌握工业机器人系统的开启和关闭操作，理解各种高级重启的不同启动效果。当机器人长时间停用状态下，会关闭SMB电池，以延长电池寿命。本任务以ABB工业机器人为例，对工业机器人系统进行启动、关闭、重启和SMB电池关闭操作。

核心知识

一、工业机器人系统的启动与关闭

视频

工业机器人系统启动

1. 工业机器人系统启动

工业机器人工作的第一步就是开机，首先将电源线缆与外部电源接通，确认输入电压正常后，将机器人控制柜上的主电源开关旋钮（见图4-1-1）从“OFF”扭转到“ON”位置。

工业机器人开始启动，等待片刻观察示教器，出现如图4-1-2所示界面则开机成功。工业机器人启动好后，所有信号才能启动，程序才能进行调试和运行。

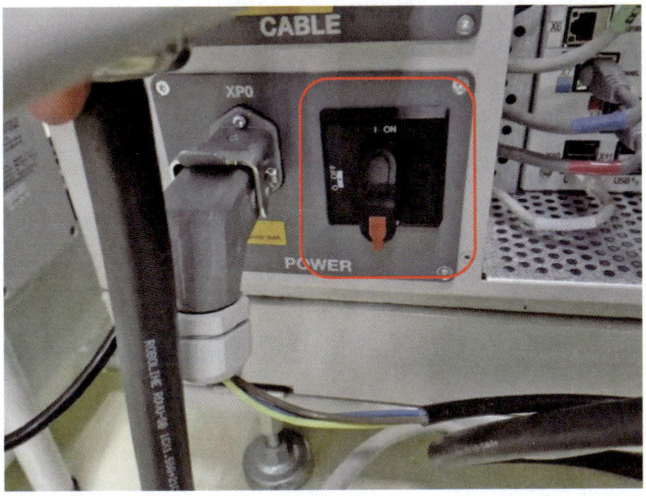

图 4-1-1　工业机器人主电源开关旋钮

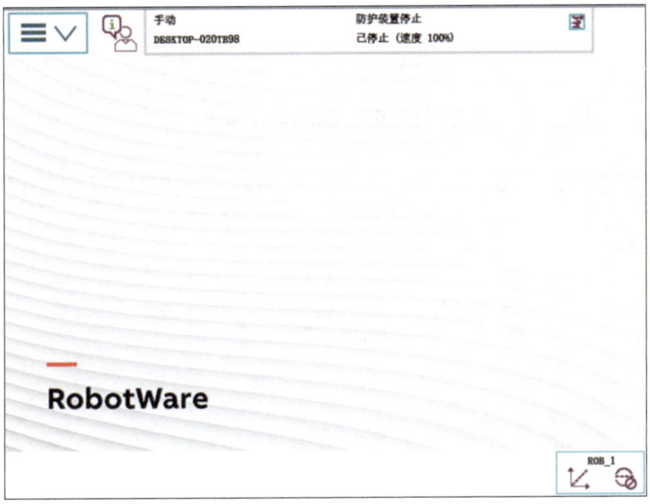

图 4-1-2　工业机器人开机成功界面

注意：

关机后再次开启电源需要等待 2 分钟。

2. 工业机器人系统关闭

视 频

工业机器人系统关闭

关闭工业机器人系统时，需要关闭控制柜上的主电源开关，也就是从“ON”扭转到“OFF”即可。机器人关闭时，所有数字输出都将被置为 0，这将影响机器人的手爪和外围设备。所以，在关闭工业机器人系统之前，首先要检查是否有人处于机器人工作区域内，以及设备是否在运行，以免发生意外。如果有程序正在运行或者手爪握有工件，则要先用示教器上的停止按钮使程序停止运行并使手爪释放工件。具体操作步骤如下：

①工业机器人末端如果装有夹具，需在关机前将夹具取下。

②单击示教器界面左上角的主菜单按钮，然后单击“重新启动”，如图 4-1-3 所示。

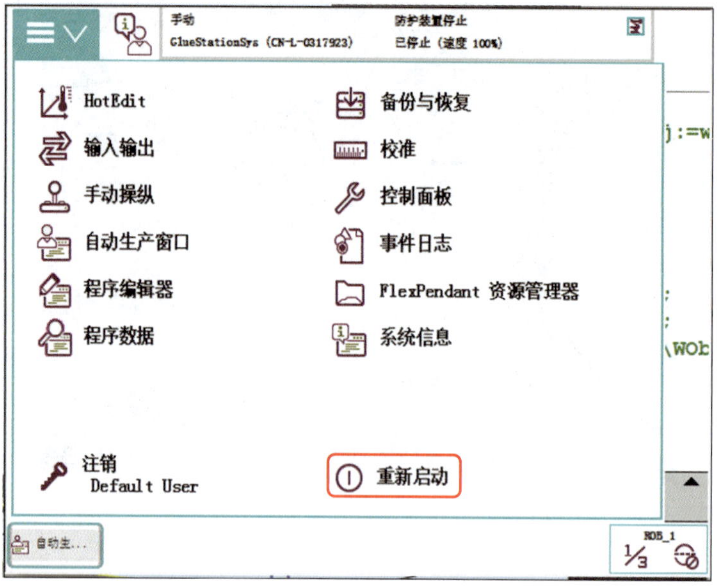

图 4-1-3　主菜单界面下单击“重新启动”

③在弹出的界面下，单击左下角的“高级”，如图 4-1-4 所示。

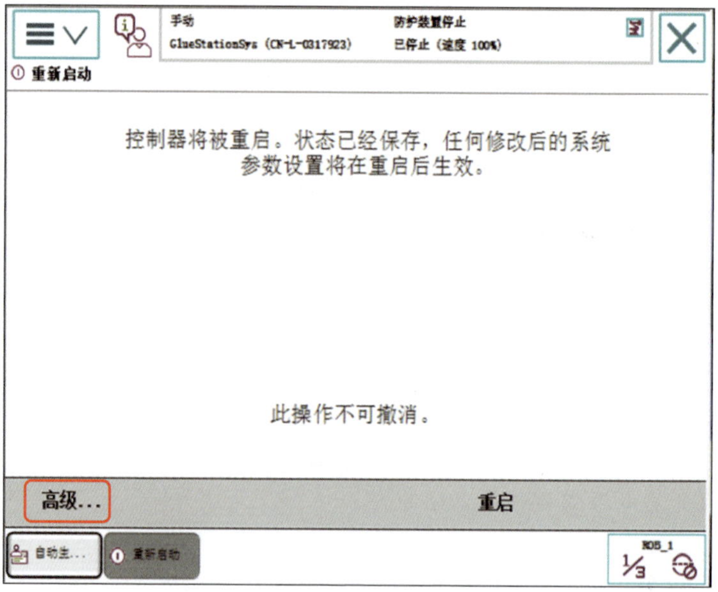

图 4-1-4　“重新启动”界面下单击“高级”

④在弹出的“高级重启”界面中，单击“关闭主计算机”，然后单击“下一个”，如图 4-1-5 所示。

⑤再次单击“关闭主计算机”，如图 4-1-6 所示。

⑥最后，将控制柜开关旋钮由 ON 旋转至 OFF，如图 4-1-7 所示。

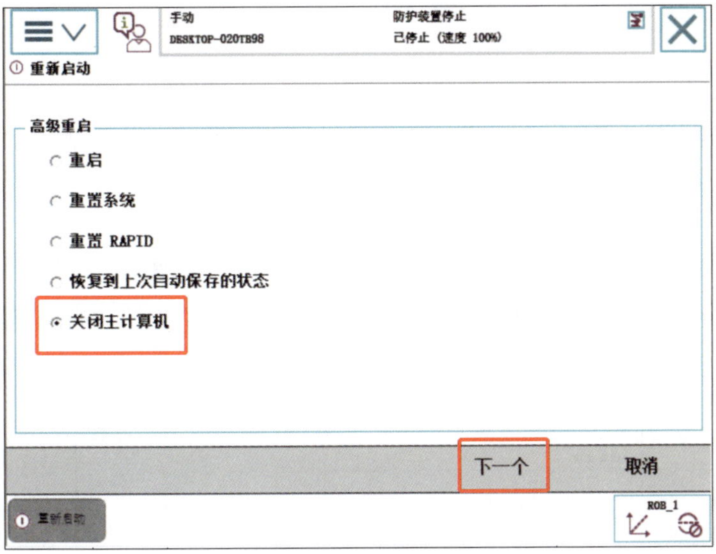

图 4-1-5　“高级启动”界面下单击“下一个”

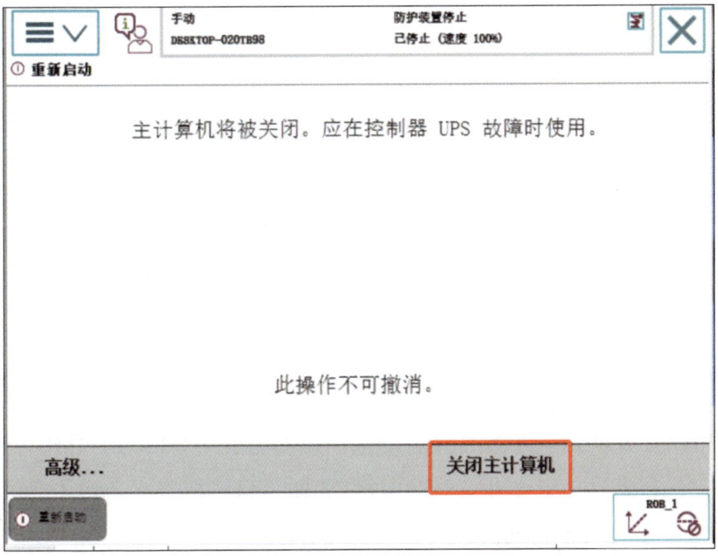

图 4-1-6　“关闭主计算机”界面

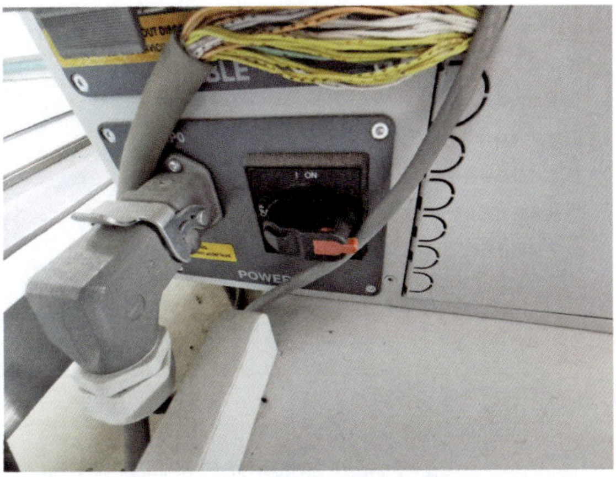

图 4-1-7　控制柜开关旋钮调至 OFF

视频

工业机器人系统重启

二、工业机器人系统的重启

在工业机器人使用过程中，经常会使用到各类重新启动，例如当机器人配置参数更改后，需要热启动才可生效，这就是我们常说的热启动。除此之外，工业机器人还具有各种功能的高级重启，下面介绍各类高级启动的功能及用法。

1. 热启动

①单击示教器界面左上角的主菜单按钮，然后单击“重新启动”，如图 4-1-3 所示。

②在弹出的界面下，单击右下角的“重启”，则工业机器人系统将重新启动，配置的相关参数及属性开始生效，如图 4-1-8 所示。

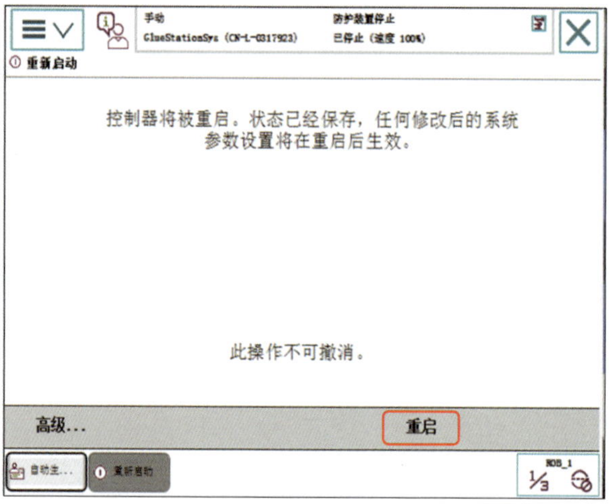

图 4-1-8 “重新启动”界面下单击“重启”

2. 高级启动

在“高级启动”界面下（执行工业机器人系统关闭操作步骤①～④可调出该界面），可以执行各类高级启动，如图 4-1-9 所示。各类高级启动选项说明见表 4-1-1，为了对比方便，表中也列出了“关闭主计算机”。在高级启动中也有重启的操作，功能与热启动一致。

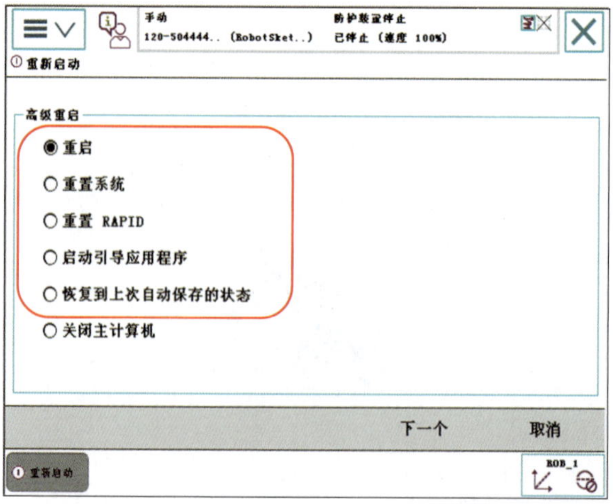

图 4-1-9 “高级启动”界面下单击各类高级启动

表 4-1-1 高级重启操作说明(含关闭主计算机)

功能	消除的数据	说明
重启	不会	只是将系统重启一次
重置系统	所有的数据	系统恢复到出厂设置
重置 RAPID	所有 RAPID 程序代码及数据	RAPID 恢复到原始的编程环境
启动引导应用程序	不会	进入系统 IP 设置及系统管理界面
恢复到上次自动保存的状态	可能会	如果是本次因为误操作引起的软件故障,重启时会调用上一次正常关机保存的数据
关闭主计算机	不会	关闭主计算机,然后再关闭主电源,是较为安全的关机方式

根据出现的软件故障选择对应的重启方式,尝试修复故障,具体可参考表 4-1-1 中的说明。特别需要注意的是:不同的重启方式会不同程度地删除数据,请谨慎操作。所以在进行重启的相关高级操作前,建议先对机器人系统进行一次备份最为稳妥。

三、服务例行程序—SMB 电池关闭的操作

当工业机器人长时间处于停用状态下,建议将 SMB 电池关闭,以延长电池寿命,等下一次使用时,只需重新更新转数计数器即可正常运行。

工业机器人在出厂时默认配置了一系列的系统服务例行程序,可用于一些特定的操作,如 SMB 电池关闭、维护信息管理、载荷测试、关节轴校准等。调用例行程序时必须在主程序中进行,且通过 ABB 菜单栏进入到程序编辑器中。以下为执行 SMB 电池关闭操作的具体步骤。

①在程序编辑器菜单中,依次单击调试菜单中的“PP 移至 Main”和“调用例行程序…”选项,如图 4-1-10 所示。

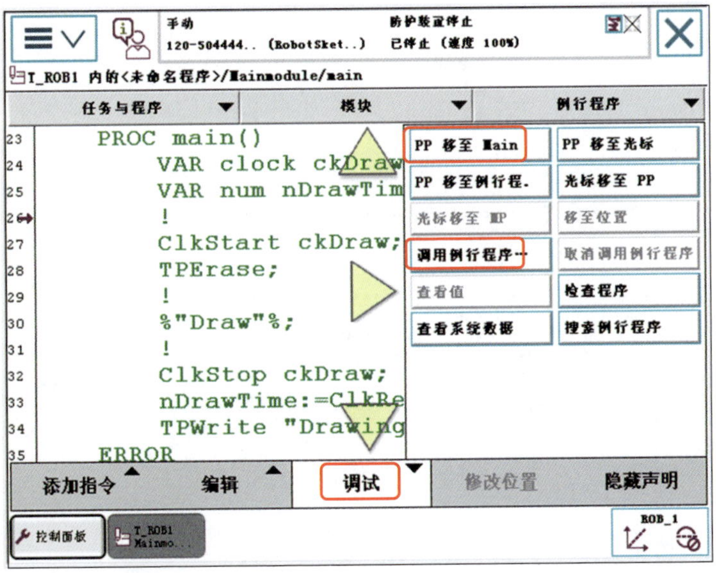

图 4-1-10 依次单击调试菜单中的“PP 移至 Main”和“调用例行程序…”

②之后将显示“调用服务例行程序”界面,在该界面下选中“Bat_Shutdown”例行程序,单击“转到”选项,如图 4-1-11 所示。

图 4-1-11　在“调用服务例行程序”界面下选中例行程序

③在手动模式下，使能上电，单击“播放”按钮，如图 4-1-12 所示。

（a）手持示　　（b）操作区

图 4-1-12　单击“播放”按钮

④单击“Shut down”选项后，再单击“Exit”选项，如图 4-1-13 所示。到此执行完 SMB 电池关闭操作。

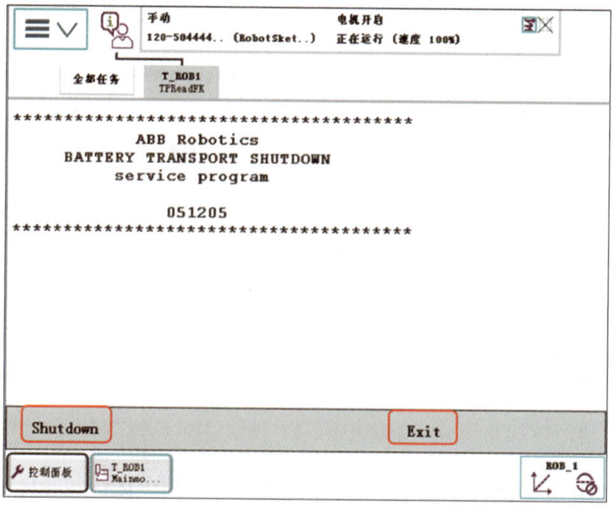

图 4-1-13　依次单击“Shut down”和“Exit”

注意：

电池关闭后，切断主电源，则 SMB 所存储的数据丢失，即关节轴原点丢失。下次上电，电池自动激活，需要重新更新一下转数计数器方可正常使用。

四、工业机器人启动引导应用程序

工业机器人每次正常关机时均会自动生成一个当前配置的镜像文件，当下次开机时如有系统问题，则可尝试恢复到上次自动保存的状态，可用于快速排除一般的系统故障。

其中，启动引导应用程序在虚拟示教器中是没有的，只有在真实的示教器中才可查看到，主要用于设置工业机器人的 IP 地址及管理当前操作系统。下面为相关操作步骤：

①在“高级启动”界面下（执行工业机器人系统关闭操作步骤①～④可调出该界面），选中“启动引导安装程序”，再单击“下一个”，如图 4-1-14 所示。之后进入到启动界面，如图 4-1-15 所示。

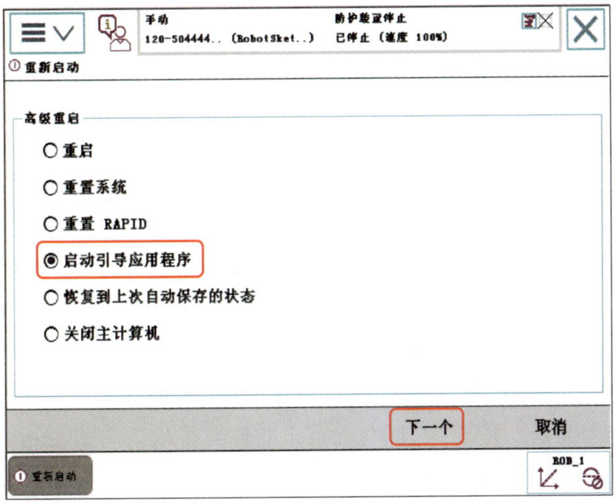

图 4-1-14　选中“启动引导安装程序”后单击“下一个”

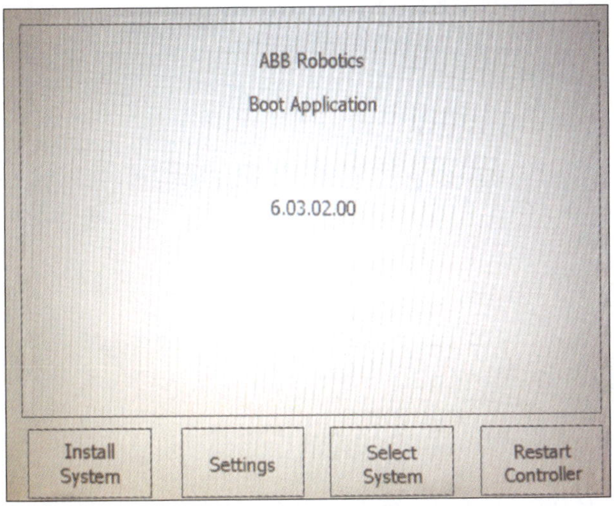

图 4-1-15　启动界面

小提示：

“Install System”可用于U盘安装工业机器人操作系统。建议使用RobotStudio网线直接连接机器人，这样操作会更为简单快捷。

②单击“Settings”，可用于设置工业机器人IP地址，如图4-1-16所示。工业机器人需具备PC Interface功能才可设置，可将机器人与其他设备进行以太网连接。例如视觉应用中可以将工业机器人与摄像头设置成同一IP字段，从而进行数据交互。

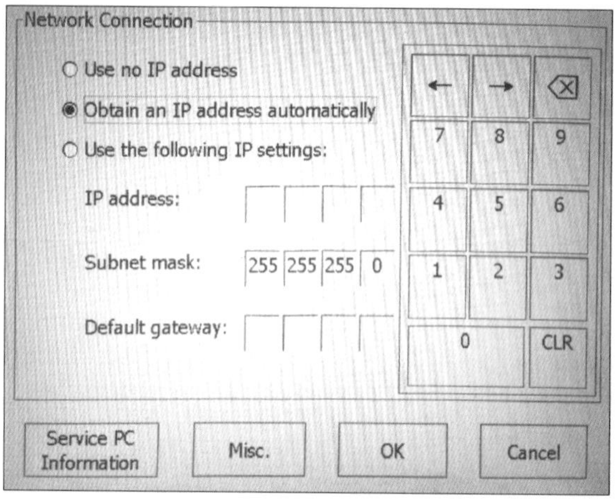

图 **4-1-16** 设置工业机器人 **IP** 地址

③单击“Select System”，将弹出选择需要启用的系统界面，如图4-1-17所示。“Select System”用于切换不同的操作系统。出厂默认只有一个操作系统，客户可根据实际情况安装多个操作系统，以便适用不同的应用场景。需要注意的是，每个操作系统均需官方授权。

④选择需要启用的系统后，单击“Select”，再单击“Close”，系统会提示即将启动的系统名称，如图4-1-18所示。确认无误后单击“OK”，重启后就完了系统的切换。特别注意：若勾选了“Reset System”，则系统重启时，当前选择的操作系统会恢复到出厂设置，会清空当前启动系统中的所有配置及代码。

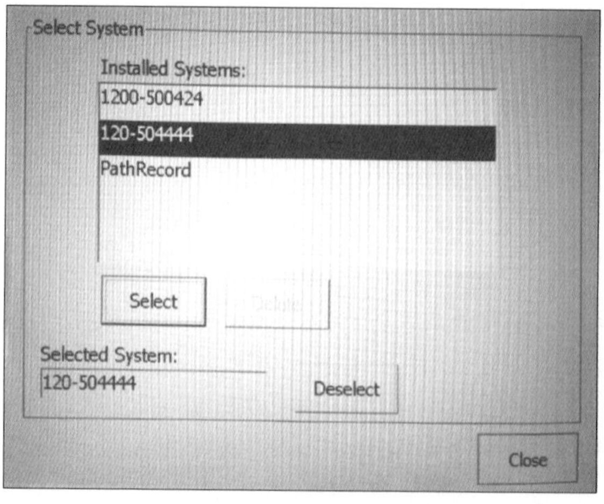

图 **4-1-17** 选择要启用的系统

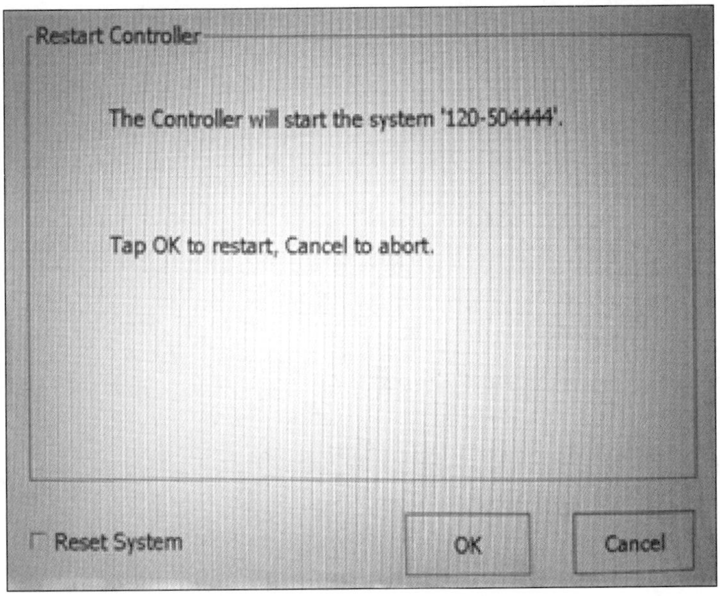

图 4-1-18　重启操作提示界面

学习笔记

任务实施

模拟企业真实工作场景,3 名同学为一组,2 名同学依据所学内容,按操作步骤完成工业机器人系统启动、关闭和 SMB 电池关闭操作,另外 1 名同学进行监督和评分,小组合作完成工业机器人系统启停操作记录单(见表 4-1-2)。

一、准备工作

①正确穿戴安全防护设备。

②领取工具:U 盘一个,网线一根。

③进入现场前,确认设备处于停机断电状态。

二、工业机器人系统启停操作

表 4-1-2 工业机器人系统启停操作记录单

记录人员: 操作人员: 日期:

序号	工作内容	关键流程	任务结果	出现的问题	解决办法
1	工业机器人系统启动	①将电源线缆与外部电源接通,确认输入电压正常	□完成 □未完成		
		②将工业机器人控制柜上的主电源开关旋钮从“OFF”扭转到“ON”位置	□完成 □未完成		
		③工业机器人开始启动,等待片刻观察示教器,出现开机界面则开机成功	□完成 □未完成		
2	工业机器人系统关闭	①工业机器人末端如果装有夹具,需在关机前将夹具取下	□完成 □未完成		
		②单击示教器界面左上角的主菜单按钮,然后单击“重新启动”	□完成 □未完成		
		③在弹出的界面在,单击左下角的“高级”	□完成 □未完成		
		④在弹出的图示“高级重启”界面中,单击“关闭主计算机”,然后单击“下一个”	□完成 □未完成		
		⑤再次单击“关闭主计算机”	□完成 □未完成		
		⑥最后,将控制柜开关旋钮由 ON 旋转至 OFF	□完成 □未完成		
3	关闭 SMB 电池	①在程序编辑器菜单中,先单击调试菜单中的“PP 移至 Main”选项	□完成 □未完成		
		②单击“调用例行程序…”选项,界面显示系统服务例行程序	□完成 □未完成		
		③选中“Bat_Shutdown”例行程序,单击“转到”选项	□完成 □未完成		
		④手动模式下,使能上电,单击“播放”按钮	□完成 □未完成		
		⑤单击“Shutdown”选项,再单击“Exit”选项	□完成 □未完成		

任务评价

任务评价见表4-1-3。

表4-1-3　任务评价表

序号	评价内容	评价标准	分数	评分记录		
				学生自评	组间互评	教师评分
1	工业机器人系统启动	①不能将电源线缆与外部电源接通,确认输入电压正常,扣10分。 ②不能将机器人控制柜上的主电源开关旋钮从“OFF”扭转到“ON”位置,扣10分	20			
2	工业机器人系统关闭	①机器人关闭前,工业机器人末端装有的夹具未取下,扣10分。 ②不会进行工业机器人系统关闭操作,扣10分。 ③关闭机器人后,未将控制柜开关旋钮由ON旋转至OFF,扣10分	30			
3	关闭SMB电池	①不会调用服务例行程序,扣10分。 ②不能正确进行SMB电池关闭的操作,扣10分	20			
4	安全生产	①劳动保护用品穿戴不整齐,扣5分。 ②操作中,未遵守操作规程,违反安全文明生产中设备操作、设备调试、用电安全知识,扣10分。 ③操作结束未清理现场,扣5分	20			
5	学生考勤情况	无迟到、早退、旷课	5			
6	工作态度	态度认真、团队合作、任务完成质量良好(字迹工整、问题与解决办法合理清晰)	5			
总分			100			

巩固练习

一、选择题

1. 在ABB机器人系统各类重新启动中,使用当前的设置进行重新启动是(　　)。

A. 热启动(重启)　　B. 关机(关闭主计算机)

C. I-启动(重置系统)　　D. 关闭

2. 当工业机器人系统出错或崩溃时,应采取的操作是(　　)。

A. 重启　　B. 重置RAPID

C. 重置系统　　D. 恢复到上次自动保存的状态

二、填空题

1. 工业机器人关闭时,所有数字输出都将被置为__________,这将影响工业机器人的手爪和外围设备。

2. 当工业机器人长时间停用状态下,建议将__________,用以延长电池寿命。等下一次使用时，只需__________即可正常运行。

三、简答题

1. 简述工业机器人系统开关机方法和注意事项。
2. 简述关闭SMB电池的操作步骤。

任务二 备份与恢复数据

情景导入

小李在一次系统更新操作后，编程示教数据全部丢失了，于是他不得不重新花费了两天时间再次进行编程示教。师傅说吃一堑长一智，养成随时备份的习惯非常重要，这样即使数据丢失也可以通过备份文件快速恢复到正常状态。

学习目标

一、知识目标

掌握备份和恢复操作步骤。

二、能力目标

能进行工业机器人数据备份和恢复操作。

三、素养目标

①保持耐心和细致的工作态度，确保数据备份和恢复过程的准确性和完整性。
②提高在团队中有效沟通的能力。

任务描述

定期对工业机器人进行数据备份，是确保机器人正常运行的一项重要工作。作为工业机器人系统运维人员，无论是对工业机器人进行编程调试，还是维护保养，都要及时进行数据备份。通过本任务的学习，要了解什么时候需要进行备份和恢复操作，会进行备份和恢复操作，还要掌握单独导入程序和单独导入EIO文件的操作方法。

核心知识

视频

工业机器人系统备份

一、备份系统

ABB工业机器人数据备份的对象是所有正在系统内存运行的RAPID程序和系统参数。当机器人系统出现错乱或者重新安装新系统以后，可以通过备份快速地把机器人恢复到备份时的状态。

1. 需要备份系统的时间

建议在以下时间执行备份：

- 安装新RobotWare之前。

• 对指令和/或参数做任何重要更改之前，以使其可恢复为先前设置。

• 对指令和/或参数做了任何重要更改并测试成功之后，用来保留新的成功的设置。

2. 创建备份或恢复先前所做备份时，还应注意的一些注意事项

①BACKUP 目录。本地默认备份目录 BACKUP 由系统自动创建。建议使用该目录保存备份，切勿更改 BACKUP 目录的名称，也不要将实际备份名称更改为 BACKUP，避免产生混淆。

②何时备份。在程序执行期间可执行系统备份，但存在以下限制：

• 在执行状态下进行备份时不能启动或加载程序、加载模块、关闭程序和删除模块，但可使用 RAPID 指令 Load 和 StartLoad。

• 在进行关键或敏感运动时切勿进行备份，否则会影响运动的精度和性能。

③备份过程中会出现的情况。除了备份要完成之外，备份过程中也会发生其他一些事情。例如，后台任务会继续执行。

④重复的模块。备份命令不会执行保存操作。这意味着在备份中同一模块可能会存在两个版本，一个版本来自程序内存，保存于 Rapid\Task\Progmod\目录，另一个来自 Home 目录，它被复制到备份的 Home 目录。还原这样一个备份将会恢复模块的两个版本，因此状态会保持不变。

⑤数据量过大。Home 目录中文件过多可能会使备份目录过大，这时可安全删除 Home 目录中的非必要文件。

⑥备份故障。如果在备份过程中出现故障，如磁盘已满或停电，整个备份结构将被删除。

3. 备份系统的具体操作步骤

①单击左上角主菜单，选择“备份与恢复”，如图 4-2-1 所示。

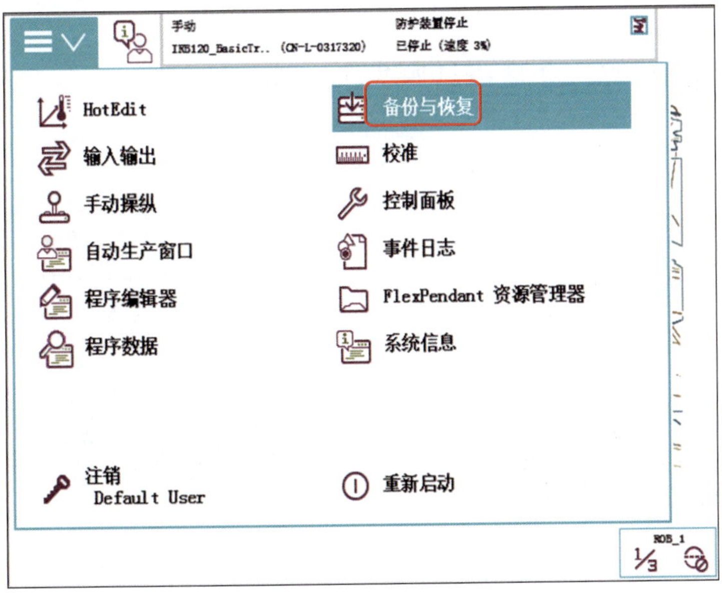

图 4-2-1　在主菜单下选择“备份与恢复”

②单击“备份当前系…”，如图 4-2-2 所示。

③在显示选定路径的界面下单击“ABC…”按钮，进行存放备份数据目录名称的设定。如果已

定义默认路径，就会显示该默认路径，单击“备份”以执行备份；如果不想使用默认备份路径，单击备份路径右侧的“...”，选择备份存放的位置（机器人硬盘或USB存储设备），然后单击“备份”，如图4-2-3所示。

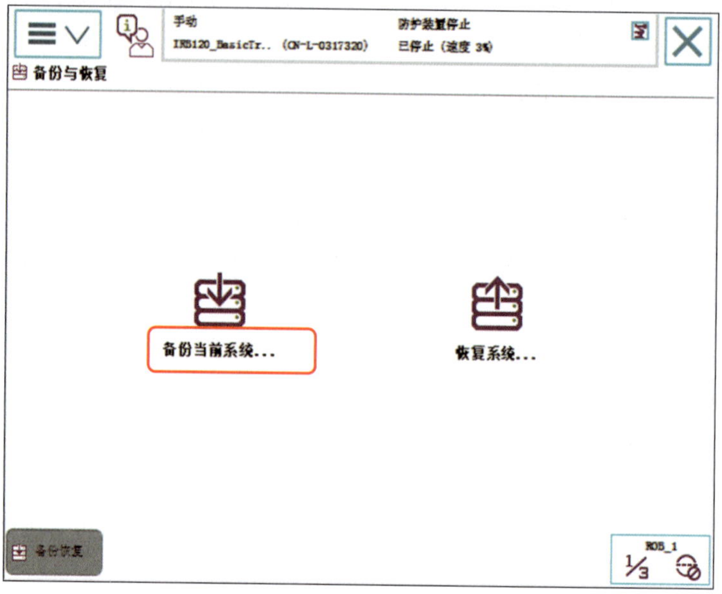

图4-2-2　单击“备份当前系统...”

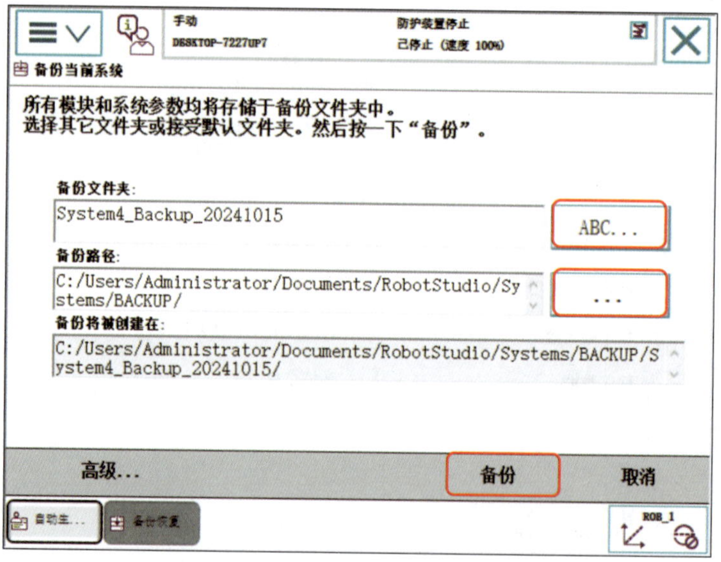

图4-2-3　选定路径界面（备份系统）

④等待系统备份完成，如图4-2-4所示。

图 4-2-4　等待系统备份完成

注意:

- 默认情况下,已经为备份文件夹创建了一个名称,用户可以单击“ABC...”重命名。
- 重命名时,应确保名称的第一个字符不是空格。
- 如果文件夹名称第一个字符是空格,则会出现警告对话框。

视 频

工业机器人系统恢复

二、恢复系统

1. 需要恢复系统的时间

建议在以下时间执行还原:

- 怀疑程序文件已损坏;
- 如果对指令和/或参数设置所作的任何更改并不理想,且打算恢复为先前的设置。

在恢复过程中,所有系统参数都会被取代,同时还会加载备份目录中的所有模块。Home 目录将在重启过程中复制到新系统的 Home 目录。

2. 恢复系统的具体操作步骤

①单击左上角主菜单,选择“备份与恢复”,如图 4-2-1 所示。

②单击“恢复系统...”,如图 4-2-5 所示。

③屏幕显示选定路径。如果已定义默认路径,就会显示该默认路径,单击“恢复”按钮以执行恢复;如果不在默认路径中,可单击备份文件夹右侧的“...”选项选择目录,然后单击“恢复”按钮,如图 4-2-6 所示。

④在弹出的对话框单击“是”,确认执行恢复,如图 4-2-7 所示,之后系统将自动重启。

图 4-2-5 单击“恢复系统...”

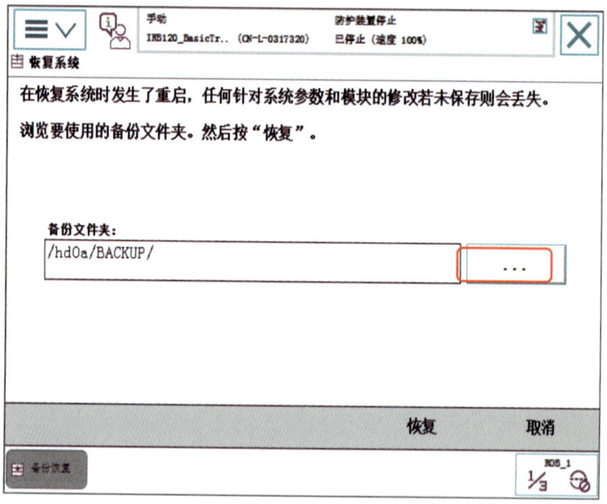

图 4-2-6 选定路径界面(恢复系统)

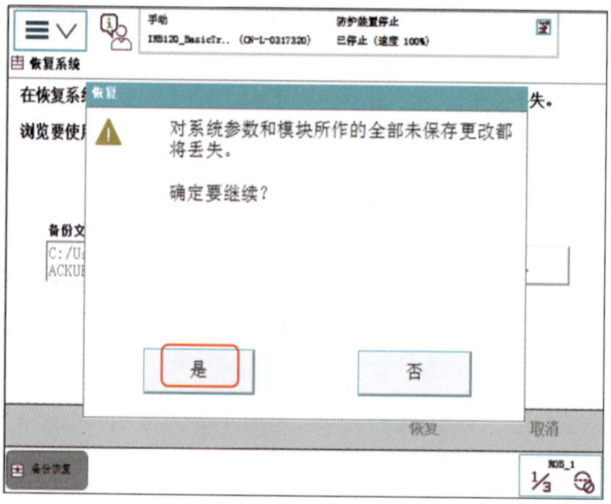

图 4-2-7 确认执行系统恢复

注意：

①在进行恢复时，备份的数据具有唯一性，不能将一台工业机器人的备份数据恢复到另一台工业机器人中去，否则会造成被恢复的机器人系统故障。

②但是，有时也会将程序和 I/O 的定义做成通用的，方便批量生产时使用。这时，可以通过分别导入程序和 EIO 文件来解决实际的需要。如果备份与当前系统不匹配，就会显示以下警告对话框，如图 4-2-8 所示。

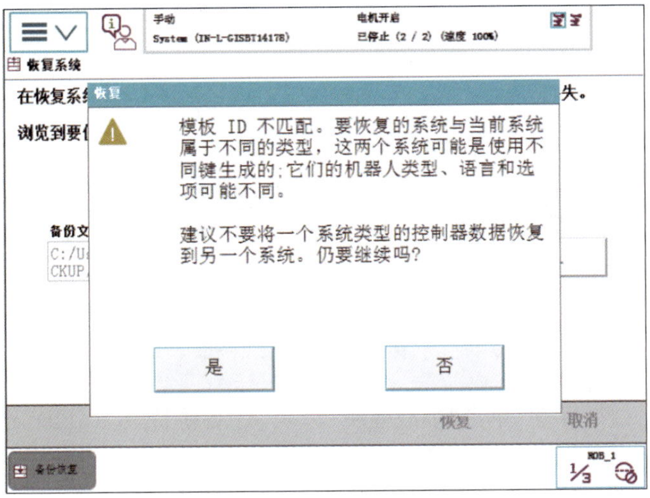

图　4-2-8

三、单独导入程序

①单击左上角主菜单，选择“程序编辑器”，如图 4-2-9 所示。

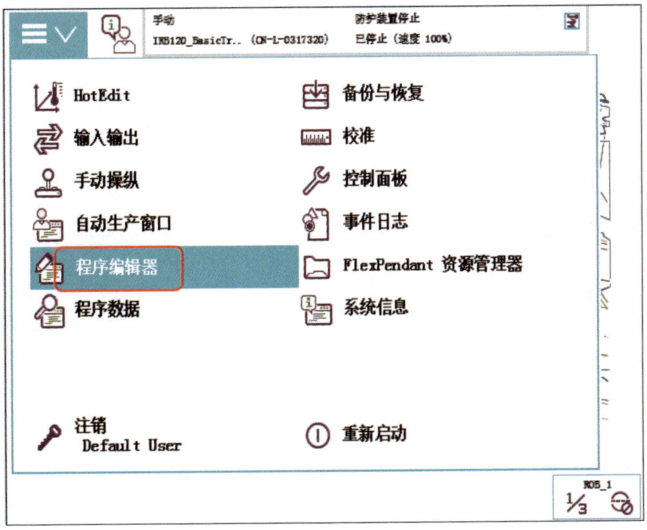

图 4-2-9　在下拉菜单下选择“程序编辑器”

②单击“模块”选项卡，如图 4-2-10 所示。

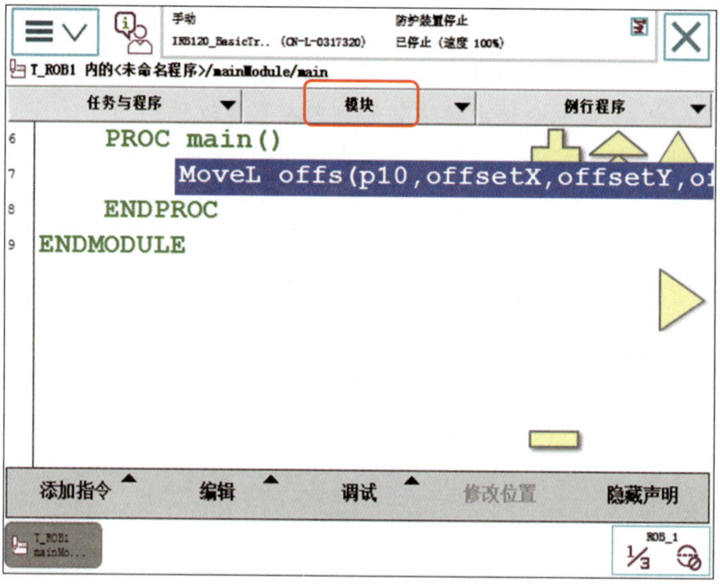

图 4-2-10　单击“模块”选项卡

③单击左下角“文件”菜单,单击“加载模块...”,从“备份目录/RAPID”路径下加载所需要的程序模块,如图 4-2-11 所示。

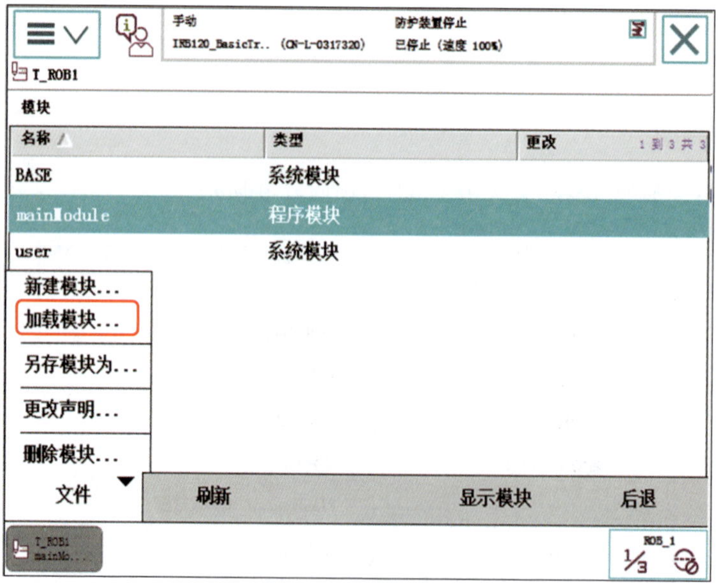

图 4-2-11　选择需要加载的模块

四、单独导入 EIO 文件

①单击左上角主菜单,选择“控制面板”,如图 4-2-12 所示。

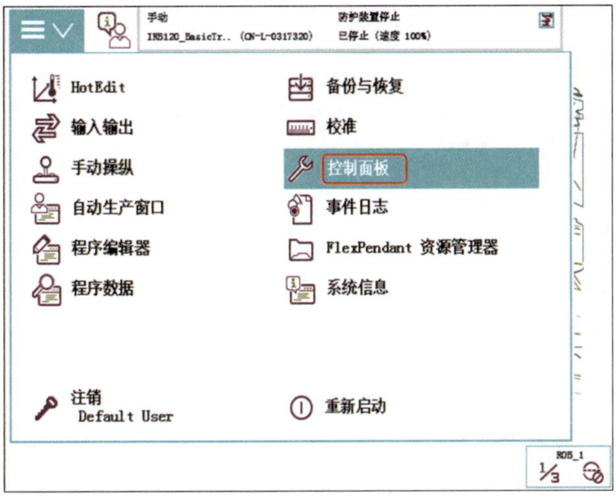

图 4-2-12

②选择“配置”选项,如图 4-2-13 所示。

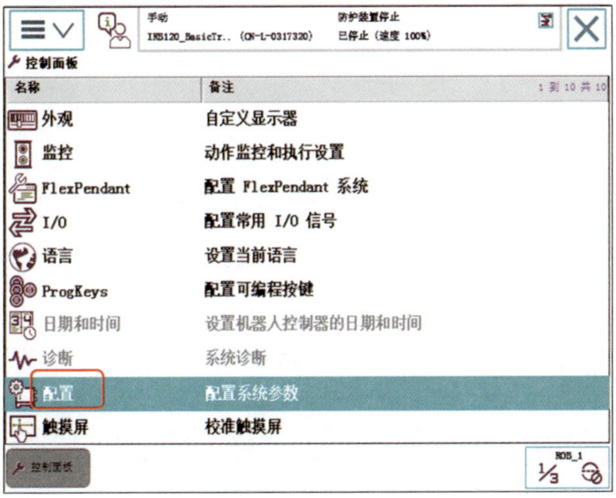

图 4-2-13 选择配置选项

③单击左下角“文件”菜单,单击“EIO 另存为”选项,如图 4-2-14 所示。

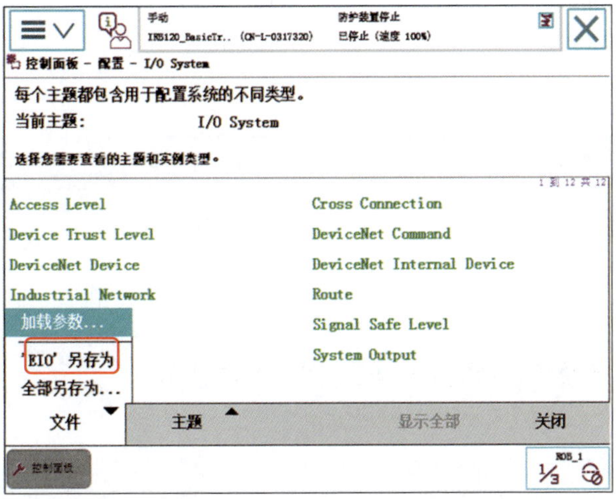

图 4-2-14 单击‘EIO’另存为选项

④选择“删除现有参数后加载”选项，单击“加载…”按钮，如图 4-2-15 所示。

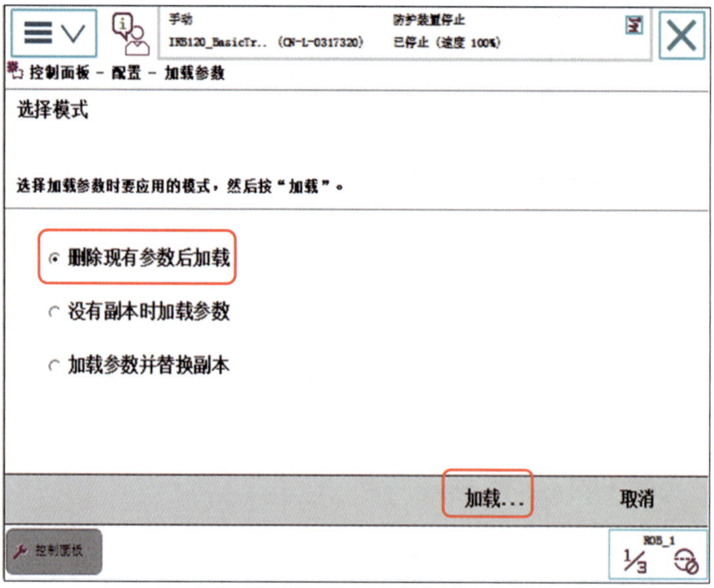

图 4-2-15　删除现有参数后加载

⑤在“备份目录/SYSPAR”路径下找到 EIO. cfg 文件，单击“确定”按钮，如图 4-2-16 所示。

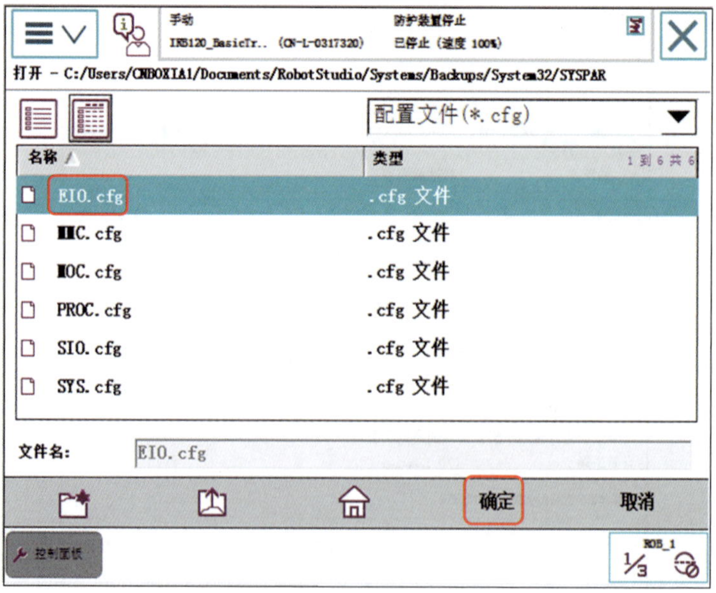

图 4-2-16　选中 EIO. cfg 文件后单击“确定”

⑥单击“是”选项，系统重启后完成导入，如图 4-2-17 所示。

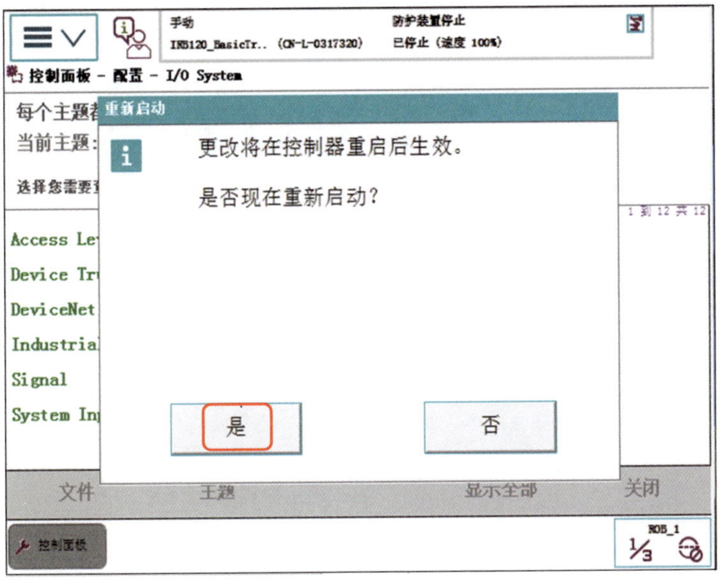

图 4-2-17　确认执行系统重启

学习笔记

任务实施

模拟企业真实工作场景,3 名同学为一组,2 名同学根据所学知识进行工业机器人数据备份与恢复、单独导入程序和单独导入 EIO 文件的操作,另外 1 名同学进行监督和评分,并详细记录工业机器人数据备份与恢复操作记录单(见表 4-2-1)。

表 4-2-1　工业机器人数据备份与恢复操作记录单

记录人员:　　　　　　　　操作人员:　　　　　　　　日期:

序号	工作内容	关键流程	任务结果	出现的问题	解决办法
1	工业机器人数据备份	①将 USB 存储设备插到示教器上	□完成 □未完成		
		②打开示教器,在主菜单页面下,单击“备份与恢复”	□完成 □未完成		
		③单击“备份当前系统”	□完成 □未完成		
		④单击“ABC...”按钮,进行存放备份数据目录名称的设定	□完成 □未完成		
		⑤单击“...”按钮,选择备份存放的位置(机器人硬盘或 USB 存储设备)	□完成 □未完成		
		⑥单击“备份”进行备份的操作	□完成 □未完成		
		⑦等待备份完成	□完成 □未完成		
		⑧备份操作完成,拔下 USB 设备	□完成 □未完成		
2	工业机器人数据恢复	①将存有备份文件的 USB 存储设备插到示教器上	□完成 □未完成		
		②打开示教器,在主菜单页面下,单击“备份与恢复”	□完成 □未完成		
		③单击“恢复系统”	□完成 □未完成		
		④单击“...”,选择备份存放的目录	□完成 □未完成		
		⑤单击“恢复”	□完成 □未完成		
		⑥选择恢复的数据或程序名	□完成 □未完成		
		⑦单击“是”,进行数据恢复	□完成 □未完成		
3	单独导入程序	①单击示教器左上角主菜单按钮,选择“程序编辑器”菜单	□完成 □未完成		
		②单击“模块”标签	□完成 □未完成		
		③打开“文件”菜单,单击“加载模块...”选项	□完成 □未完成		

续表

序号	工作内容	关键流程	任务结果	出现的问题	解决办法
3	单独导入程序	④从“备份目录/RAPID”路径下加载所需要的程序模块	□完成 □未完成		
4	单独导入EIO文件	①单击示教器左上角主菜单按钮，选择“控制面板”菜单	□完成 □未完成		
		②选择“配置”选项	□完成 □未完成		
		③打开“文件”菜单，单击“加载参数”选项	□完成 □未完成		
		④选择“删除现有参数后加载”选项，单击“加载...”按钮	□完成 □未完成		
		⑤在“备份目录/SYSPAR”路径下找到EIO.cfg文件，单击“确定”按钮	□完成 □未完成		
		⑥单击“是”选项，重启后完成导入	□完成 □未完成		

任务评价

任务评价见表4-2-2。

表4-2-2　任务评价表

序号	评价内容	评价标准	分数	评分记录		
				学生自评	组间互评	教师评分
1	工业机器人数据备份	①不能将USB存储设备插到示教器上，扣5分。 ②不会进行工业机器人数据备份操作，扣10分。 ③备份数据存储目录名称设定不正确，扣5分	20			
2	工业机器人数据恢复	①不能将USB存储设备插到示教器上，扣5分。 ②不会进行工业机器人数据回复操作，扣10分。 ③选择恢复的数据或程序名不正确，扣5分	20			
3	单独导入程序	不能正确导入单独程序，扣10分	10			
4	单独导入EIO文件	①不能正确导入EIO文件，扣10分。 ②能正确导入EIO文件，但导入后未重启操作，完成导入扣10分	20			
5	安全文明生产	①劳动保护用品穿戴不整齐，扣5分。 ②操作中，未遵守操作规程，违反安全文明生产中设备操作、设备调试、用电安全知识，扣10分。 ③操作结束未清理现场，扣5分	20			
6	学生考勤情况	无迟到、早退、旷课	5			

续表

序号	评价内容	评价标准	分数	评分记录		
				学生自评	组间互评	教师评分
7	工作态度	态度认真、团队合作、任务完成质量良好(字迹工整、问题与解决办法合理清晰)	5			
总分			100			

巩固练习

一、选择题

1. 在(　　)窗口进入 ABB 工业机器人数据的备份与恢复。

A. 程序编辑器　　B. 控制面板　　C. 备份与恢复　　D. 输入输出

2. 在对 ABB 工业机器人数据进行恢复时,备份数据可以恢复到(　　)中去,不会造成系统故障。

A. 任何机器人　　B. 同一台机器人　　C. 同一型号机器人　　D. 同一品牌机器人

二、填空题

1. ABB 工业机器人数据备份的对象是所有正在系统内存运行的是________和________。

2. 在进行恢复时,备份的数据是具有________,________将一台机器人的备份恢复到另一台机器人中去,否则会造成系统故障。

三、简答题

1. 简述如何进行备份和恢复操作。

2. 简述如何单独导入程序。

任务三　工业机器人系统常见报警及故障排除

情景导入

工业机器人上电开机报警“50296,SMB 内存数据差异”,手动操作无法运行,小李应该如何排除这个报警,让工业机器人正常运行。

学习目标

一、知识目标

①了解工业机器人系统常见故障分类及报警信息。

②掌握基本的故障排查和问题解决技巧。

二、能力目标

①能识别和区分不同类型的报警信号。

②会对工业机器人系统常见故障进行分析及处理。

三、素养目标

①强化预防为主的安全意识。

②提高团队协作能力，确保报警响应和问题解决过程中的有效沟通。

任务描述

工业机器人系统是由计算机组成的数控系统，在机器人开机状态下，发生故障时，首先应查看示教器上的报警信息。通过示教器了解 RAPID 事件日志消息，通过观察现象及报警信息代码区分工业机器人系统常见的故障种类，从而处理工业机器人系统常见的故障。

核心知识

一、工业机器人系统常见故障分类

1. 软件故障

软件故障指工业机器人编程系统数据丢失、错误或者整个操作系统出现错误的设定参数，而造成机器人系统无法正常进行编程或无法正常自动化运行，甚至操作系统无法启动的故障。这类故障只需要根据工业机器人提示的故障报警信息，找出错误源后重新配置系统参数，然后重新启动就可以将故障排除。

2. 硬件故障

工业机器人工作站的硬件故障主要由电气元件如继电器、开关、熔断器等失效引起的，这类故障的发生往往与上述元件的质量、性能与工作环境等因素有关。除了电器元件以外，由于长时间的工作运动也会使连接工业机器人本体的电缆或电线发生疲劳破损而引发线路故障。这类硬件方面的故障一旦发生，排查发生故障的元件是件非常困难的事情，因此，必须对失效或破损的元件进行维修或更换。

3. 编程和操作错误引起的故障

编程和操作错误引起的故障不属于系统软件故障，所以不需要对操作系统进行特殊的处理，只需要对系统所报出的错误信息找到相应的程序段进行修改后就可以正常工作。例如焊接机器人的编程人员在编程过程中没有考虑到手动编程中的运动速度大小问题，自动运行程序时就会由于机器人关节运动速度过快，造成惯性力大触发焊接机器人的自动保护程序而造成停机事故。

二、工业机器人系统报警信息

工业机器人系统报警信息通常反应在示教器的事件日志上，以 ABB IRC5 控制柜为例，支持三种类型的事件日志消息：

①信息。这些消息用于将信息记录到事件日志中，但是并不要求用户进行任何特别操作，信息类消息不会在控制柜的显示设备上占据焦点。

②警告。这些消息用于提醒用户系统上发生了某些无须纠正的事件，操作会继续，这些消息会保存在事件日志中，但不会在显示设备上占据焦点。

③错误。这些消息表示系统出现了严重错误，操作已经停止，需要用户根据这些消息立即采取行动。

动画

工业机器人故障代码的查阅技巧

三、读取 RAPID 事件日志消息

IRC5 支持三种类型的事件日志消息，消息类型不包含在实际消息文字中，但是消息生成

时会有代码表示。不同的图标信息,可采取不同的措施,事件日志不同图标类型及描述见表 4-3-1。

表 4-3-1 事件日志不同图标类型及描述

图标	类型	描 述
	提示	将提示信息记录到事件日志中,但并不要求用户进行任何特别操作
	警告	用于提醒用户系统发生了某些无须纠正的事件,操作会继续,这些消息会保存在事件日志中
	出错	系统出现了严重错误,操作已经停止。需要用户立即采取措施对问题进行处理

根据报警信息呈现的编码,可以初步诊断该故障归类于何种故障类型。单击示教器屏幕的状态栏可查看工业机器人的事件日志,其中:红色的图标(见图 4-3-1 和图 4-3-2),表示出错类信息;蓝色的图标(见图 4-3-1),表示提示类信息;黄色的图标(见图 4-3-2),表示警告类信息。

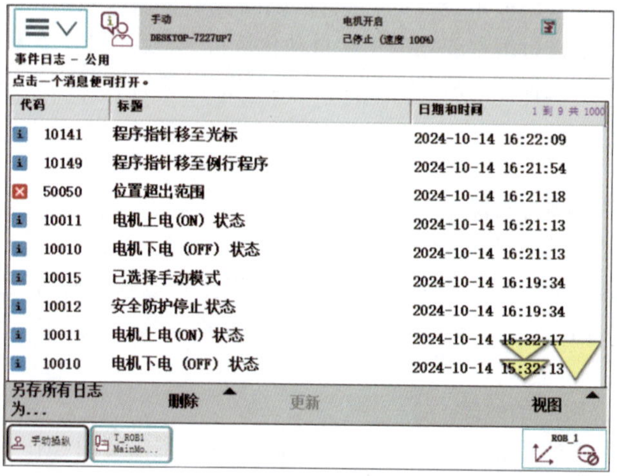

图 4-3-1 事件日志查阅工业机器人故障代码 1

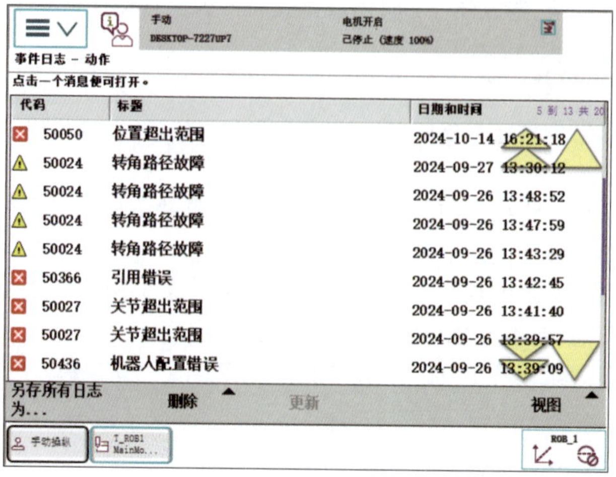

图 4-3-2 事件日志查阅工业机器人故障代码 2

ABB IRC5 控制柜编号序列对应的事件类型见表 4-3-2。

表 4-3-2　ABB IRC5 控制柜编号序列对应的事件类型

编号序列	事件类型
1××××	操作事件:与系统处理有关的事件
2××××	系统事件:与系统功能、系统状态等有关的事件
3××××	硬件事件:与系统硬件、机械臂以及控制柜硬件有关的事件
4××××	程序事件:与 RAPID 指令、数据等有关的事件
5××××	动作事件:与控制机械臂的移动和定位有关的事件
7××××	I/O 事件:与输入和输出、数据总线等有关的事件
8××××	用户事件:用户定义的事件
9××××	功能安全事件:与功能安全相关的事件
11××××	工艺事件:特定应用事件,包括弧焊、点焊等。 0001-0199 Continous Application Platform 0200-0399 Discrete Application Platform 0400-0599 Arc 0600-0699 Spot 0700-0799 Bosch 0800-0899 Dispense 1000-1200 Pick and Place 1400-1499 Production manager 1500-1549 BullsEye 1550-1599 SmartTac 1600-1699 Production Monitor 1700-1749 TorchClean 1750-1799 Navigator 1800-1849 Arcitec 1850-1899 MigRob 1900-2399 PickMaster RC 2400-2449 AristoMig 2500-2599 Weld Data Monitor 2600-2649 GSI 2700-2702 Integrated Vision 4800-4814 Miscellaneous Process
12××××	配置事件:与系统配置有关的事件
13××××	油漆
15××××	RAPID
17××××	嵌入式连接服务(connected service embedded)事件日志在启动、注册、取消注册、失去连接等事件中生成

四、按事件日志排除故障

1. 系统报警提示“10013,紧急停止状态”

说明:紧急停止设备将电动机开启(ON)电路断开,系统处于紧急停止状态。

后果:所有程序的运行及工业机器人的动作被立即中断,同时刹车抱闸将机器人各轴锁住。

可能原因:任何与紧急停止输入端连接的紧急停止设备已被断开。它们可以是内部的(在控制柜或在示教器上)或者是外部的(系统生成器连接的设备)。

建议措施:①检查是哪个紧急停止装置导致了停止;②关闭/重置该装置;③按“控制模块”上的“电机开启(ON)”按钮,将系统切换回电动机开启状态。

2. 系统报警提示“20153,电机上电并启动被拒绝”

说明:通过系统 I/O 执行电动机上电并启动程序被拒绝;

后果:程序将无法启动;

可能原因:①工业机器人不在恢复距离范围内;②程序已在执行;③正在进行备份操作。

建议措施:①将工业机器人点动至恢复区域或移动程序指针;②在激活“系统输入电机上电并启动”之前停止程序。

3. 系统报警提示“34202,与驱动单元的通信中断”

说明:在驱动模块 *arg* 中,轴计算机与单元位置为 *arg* 的驱动单元的通信已中断。

后果:纠正该错误之前无法进行任何操作,系统进入零转矩的电动机关闭状态。

可能原因:该驱动单元和轴计算机之间存在通信问题。

建议措施:①检查所有电缆是否已正确连接;②检查该驱动单元是否拥有逻辑电源;③检查/更换以太网电缆;④检查其他硬件事件日志消息;⑤检查事件日志中的电源单元错误消息;⑥检查电源单元与驱动单元之间的接线;⑦检查电源单元的 24 V 输出。

4. 系统报警提示“50027,关节超出范围”

说明:*arg* 关节 *arg* 的位置超出工作范围。

建议措施:使用操纵杆将关节移动至其工作范围之内。

5. 系统报警提示“50296,SMB 内存数据差异”

说明:工业机器人存储器中的数据与机械单元 arg 的控制柜中的不一致。

可能原因:在工业机器人和控制柜存储器中出现非相同的数据或序列号。更换机器人(SMB 电路板)或控制柜或更改系统参数。

建议措施:通过 FlexPendant 检查状态,并检查是否已将正确的系统参数(序列号)加载入控制柜。检查序列号是否属于与控制柜连接的机器人。如果不属于,更换配置文件,或者如果未更换控制柜,则手动从机器人向控制柜存储器传输数据。具体操作如下:①ABB 主菜单中选择“校准”;②单击 ROB_1 进入校准画面后选择“SMB 内存”;③选择“高级”进入后单击“清除控制柜内存”;④完成后单击“关闭”再单击“更新”;⑤选择“已交换控制柜或机械手,使用 SMB 内存数据更新控制柜”。

如果使用来自其他工业机器人(序列号不同)的电路板来更换串口测量板,应首先通过 FlexPendant 清除第一个机器人的存储器,然后从控制柜向机器人传输数据。

6. 系统报警提示“71001,地址重复”

说明:

①I/O 配置无效。

②I/O 设备 arg 和 I/O 设备 *arg* 被分配了相同的地址,因为连至相同 I/O 总线的 I/O 单元必须有唯一的地址。

③此 I/O 设备未连接到正确的网络。

建议措施:①检查地址是否正确;②检查各 I/O 设备是否已连接到正确的网络。

7. 系统报警提示“90212,两个通道故障,运行链”

说明:仅关闭了两个运行链中的一个。

后果:系统进入“系统中断”(SYS HALT)状态。

可能原因：与运行链相连接的任何开关可能出现故障或未正常连接，导致其中一个信道关闭。有关运行链的说明请参阅《故障排除手册》。

建议措施：①检查电缆及其连接；②检查同一时间出现的其他事件日志消息，以判定是哪个开关导致故障；③确保所有开关工作正常；④为使链返回至定义状态，应先按住然后重置紧急停止按钮；⑤如果不存在松脱的连接，应更换故障的开关。

学习笔记

任务实施

模拟企业真实工作场景,3 名同学为一组,2 名同学根据所学知识进行工业机器人系统报警信息故障处理,另外 1 名同学进行监督和评分,并详细记录工业机器人系统报警故障与排除操作记录单(见表 4-3-3)。

表 4-3-3　工业机器人系统报警故障与排除操作记录单

记录人员:　　　　操作人员:　　　　日期:

序号	故障报警	关键流程	任务结果	出现的问题	解决办法
1	系统报警提示 50027,关节超出范围	①查看哪个轴关节超出范围	□完成 □未完成		
		②使用操纵杆将关节移动至其工作范围之内	□完成 □未完成		
2	系统报警提示 50296,SMB 内存数据差异	①检查是否已将正确的系统参数(序列号)加载入控制柜	□完成 □未完成		
		②检查序列号是否属于与控制柜连接的工业机器人	□完成 □未完成		
		③如果不属于,更换配置文件,或者如果未更换控制柜,则手动从工业机器人向控制柜存储器传输数据	□完成 □未完成		
		④如果使用来自其他工业机器人(序列号不同)的电路板来更换串口测量板,应首先通过 FlexPendant 清除第一个机器人的存储器,然后从控制柜向机器人传输数据	□完成 □未完成		
3	系统报警提示 90212,两个通道故障,运行链	①检查电缆及其连接	□完成 □未完成		
		②检查同一时间出现的其他事件日志消息	□完成 □未完成		
		③确保所有开关工作正常	□完成 □未完成		
		④先按住然后重置紧急停止按钮	□完成 □未完成		
		⑤如果不存在松脱的连接,应更换故障的开关	□完成 □未完成		

任务评价

任务评价见表 4-3-4。

表 4-3-4　任务评价表

序号	评价内容	评价标准	分数	评分记录		
				学生自评	组间互评	教师评分
1	系统报警提示"50027,关节超出范围"	①不能查看哪个轴关节超出范围,扣 10 分。 ②不能使用操纵杆将关节移动至其工作范围之内,消除报警,扣 10 分	20			

续表

序号	评价内容	评价标准	分数	评分记录		
				学生自评	组间互评	教师评分
2	系统报警提示“50296，SMB内存数据差异”	①不能检查是否已将正确的系统参数（序列号）加载入控制柜，扣10分。 ②不能检查序列号是否属于与控制柜连接的机器人，扣10分。 ③能够检查出序列号不属于与控制柜连接的机器人，但不会进行更换，扣10分	30			
3	系统报警提示“90212，两个通道故障，运行链”	①不能判定是哪个开关导致故障，扣10分。 ②不能消除故障报警，扣10分	20			
4	安全生产	①劳动保护用品穿戴不整齐，扣5分。 ②操作中，未遵守操作规程，违反安全文明生产中设备操作、设备调试、用电安全知识，扣10分。 ③操作结束未清理现场，扣5分	20			
5	学生考勤情况	无迟到、早退、旷课	5			
6	工作态度	态度认真、团队合作、任务完成质量良好（字迹工整、问题与解决办法合理清晰）	5			
总分			100			

巩固练习

一、选择题

1. 当ABB工业机器人系统报警（　　）代码时，转速计数器未更新。

A. 10035　　B. 10036　　C. 10037　　D. 11038

2. 即使工业机器人只有一个报警信号，其背后可能有众多的故障原因，说法不正确的是（　　）。

A. 检查并恢复工业机器人的各种运行参数

B. 可以依靠人的感觉器官来寻找故障点，如元件是否短路、过压

C. 利用部件替换来快速找到故障点，若故障消失或转移，则说明怀疑目标正是故障点

D. 根据自身经验，判断最有可能发生故障的部位，然后进行故障检查，进而排除故障

二、填空题

1. 工业机器人出现报警提示信息“10106”是__________提醒。

2. 工业机器人系统常见故障分为__________、__________、__________三类。

3. 工业机器人系统报警信息通常反应在示教器的事件日志上，以ABB IRC5控制柜为例，支持__________、__________、__________三种类型的事件日志消息。

三、简答题

1. 简述工业机器人系统常见故障分类。

2. 工业机器人在开机时进入了系统故障状态，请问该如何处理？

拓展阅读

刘云清：从机修钳工到“大国工匠”

刘云清，一位对设备维修充满热情的工匠，通过不懈努力，从一名普通工人成长为技术骨干。他不仅在图书馆中深耕理论，还积极向老师傅们请教，细心观察并学习他们的技艺。每天饭后，他都会前往车间，沉浸于机器的世界，甚至梦中也在思考维修难题。当公司引进进口设备时，他更是抓住机会，与外籍技术员交流学习，迅速掌握了数控设备的维修技能。

刘云清的技术并非来自系统学习，而是源于工作中的实践和对问题的深入探索。他总能从机器轰鸣声中感知异常，并迅速判断病因，被同事们誉为“神医”。他善于从整体上理解机器，维修时不仅解决表面问题，更从系统上根治，确保设备长久稳定运行。

面对设备设计不合理的问题，刘云清敢于挑战，勇于创新。他成功改造了日本进口加工中心的控制电路，解决了紧急生产任务。更在数控珩磨机领域取得突破，研发出性价比远超进口设备的新型数控珩磨机，填补了国内空白。他不断追求高精度、高安全性，将数控珩磨机开发至第六代，创造产值过亿元。

刘云清的成就不仅限于个人，他还带领团队开展多项重点攻关项目。其中，机器人高压清洗机项目，满足了客户对油泵壳清洁度的苛刻要求，为企业带来巨大订单。他致力于设计建立自动化、智能化的生产线，为打造中国“智能制造”民族品牌贡献力量。

刘云清以产业报国、创新圆梦为己任，践行劳模和工匠精神。他坚信幸福是奋斗出来的，将继续为“中国智造”的崛起而努力。

项目五

工业机器人外围设备维护与保养

项目导入

外围设备是工业机器人系统中的重要组成部分，一般指可以附加到工业机器人系统中用来加强机器人系统功能的设备。例如安全光栅用于加强机器人系统的安全功能，防止操作人员受到意外伤害，所以外围设备的维护与保养对工业机器人系统的寿命及使用安全至关重要。在工业机器人系统集成中，能对外围设备进行维护与保养是一项必备的技能。本项目以ABB工业机器人系统为例，认识常用的外围设备（见图5-0-1）、学习外围设备的维护与保养及故障排除。

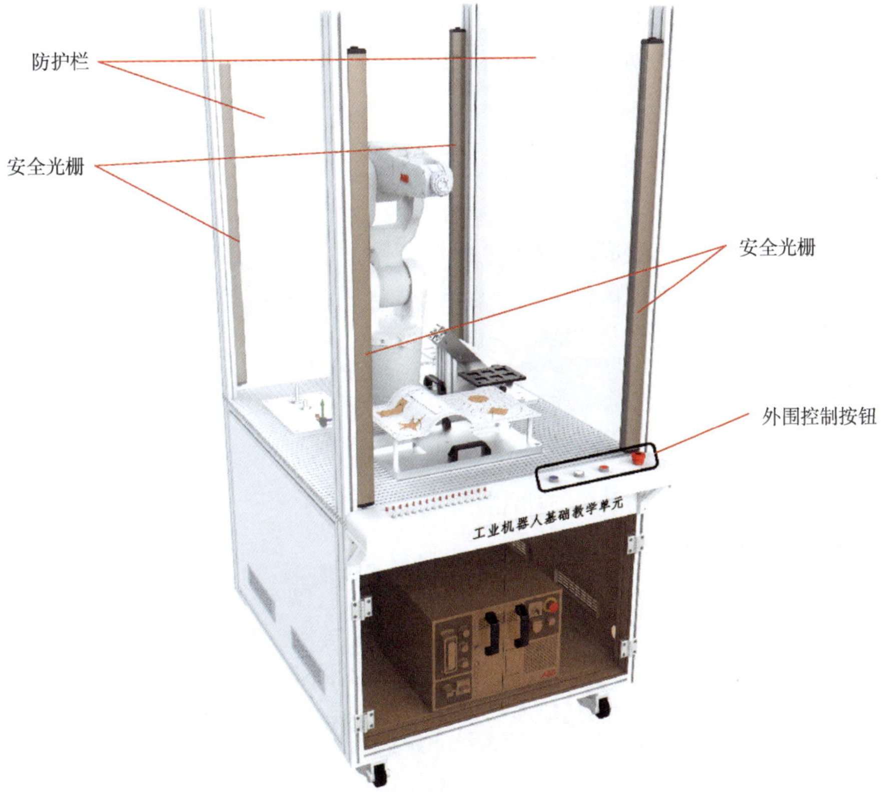

图5-0-1　工业机器人系统常用的外围设备

知识导图

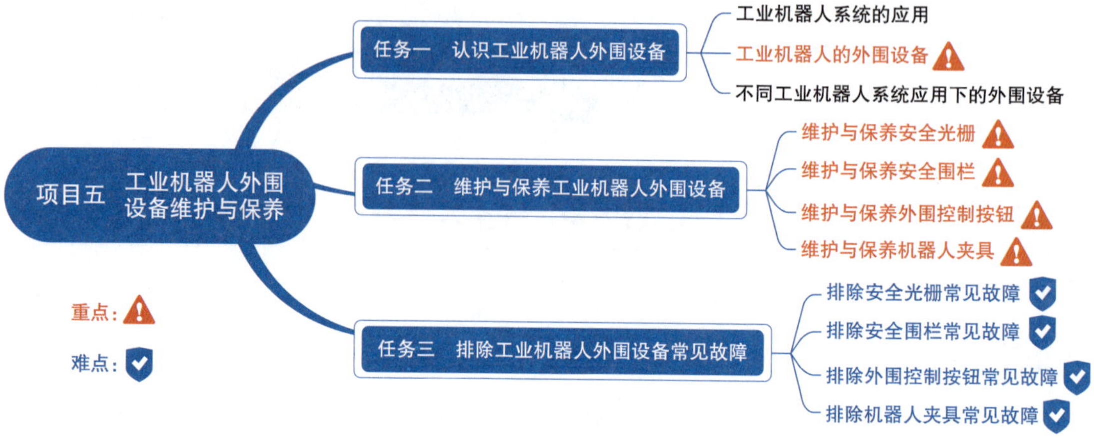

任务一 认识工业机器人外围设备

情景导入

公司最近新采购了一套 ABB 工业机器人搬运系统，小李需要统计这套系统使用了哪些重要的外围设备及这些外围设备的功能，以便进行后续的维护与保养。

学习目标

一、知识目标

①了解工业机器人系统的组成。
②熟悉常用工业机器人外围设备。
③熟悉常用外围设备的结构及功能。

二、能力目标

①能说出工业机器人系统的组成。
②能阐述出常用外围设备的名称与功能。
③能根据任务需求选择合适的外围设备。

三、素养目标

①通过关注工业机器人外围设备的发展趋势和新技术，不断更新自己的知识和技能。
②培养学生创新意识和实践能力，使能够设计或改进现有设备的功能和性能。

任务描述

说出 ABB 工业机器人搬运系统所使用的外围设备的名称，观察并记录这些外围设备的功能。要想知道工业机器人系统使用了哪些外围设备，首先要知道这个工业机器人系统要完成什么任务，这个工业机器人系统是什么应用。例如小李公司的机器人系统是搬运应用，则需要了解搬运应用经常会使用到哪些常用的外围设备，以及这些外围设备的结构与功能。了解了这些背景知识以后，就可以去现场查看是否使用了这些外围设备，并对这些设备进行统计。

核心知识

一、工业机器人系统的应用

1. 工业机器人系统简介

随着工业机器人技术的高速发展，工业机器人正在被广泛应用于制造业。相比于传统的工业设备，工业机器人具有众多的优势，如智能化水平高、生产效率及安全性高、可以在高危环境下进行作业。一般工业机器人需经常与其他设备配合才能进行生产与制造，工业机器人与这些设备共同构成了一个工业机器人系统，如图 5-1-1 所示。

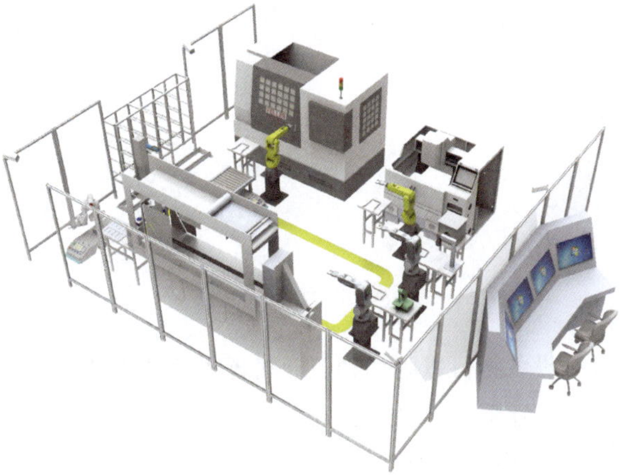

图 5-1-1　工业机器人系统

工业机器人系统一般是由工业机器人、作业对象、外围设备（也称周边设备）共同组成。

2. 主要应用场合

工业机器人的应用场合非常广泛，如焊接、搬运、涂胶、喷涂、去毛刺、切割、激光焊接、装配等。焊接、搬运、装配应用约占工业机器人应用整体的 70%，其中搬运是第一大应用领域，约占工业机器人应用整体的 30%～40%，如图 5-1-2 所示。

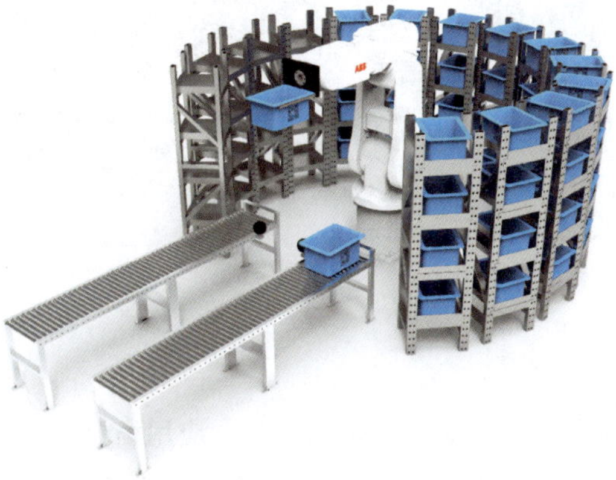

图 5-1-2　搬运应用

工业机器人焊接应用领域也非常广泛，如点焊应用（见图 5-1-3）和弧焊应用（见图 5-1-4）。

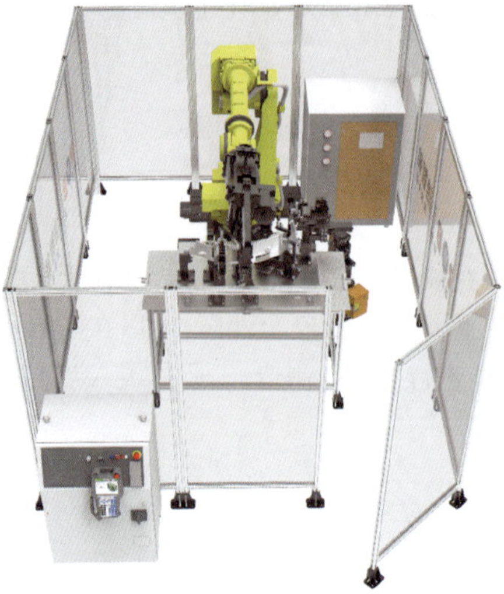

图 5-1-3　点焊应用

图 5-1-4　弧焊应用

二、工业机器人的外围设备

1. 工业机器人外围设备的定义

动 画

工业机器人外围设备认知

工业机器人外围设备指可以附加到工业机器人系统中的用来加强机器人功能的设备，如安全功能、灵活性、工作范围、定位精确度等。图 5-1-5 是一个简易的工业机器人焊接系统，系统内配置了一台 ABB 的双轴变位机，可以使固定在变位机上的工件达到满意的焊接角度和焊接速度，避免焊接过程中的机器人奇异点，大幅提高了工业机器人焊接的灵活性。

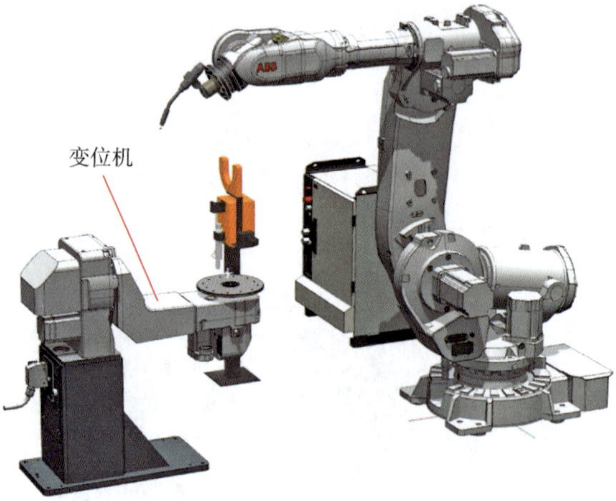

图 5-1-5　工业机器人焊接系统

2. 常用的外围设备

工业机器人的外围设备种类繁多，一般来说，在不同应用场合下，工业机器人系统的外围设备的种类有所不同，但是有一些外围设备是大部分机器人系统都会用到的。表 5-1-1 列举了一些常用的外围设备及其功能。

表 5-1-1 常用的工业机器人外围设备

序号	名称	图片	功能
1	安全光栅	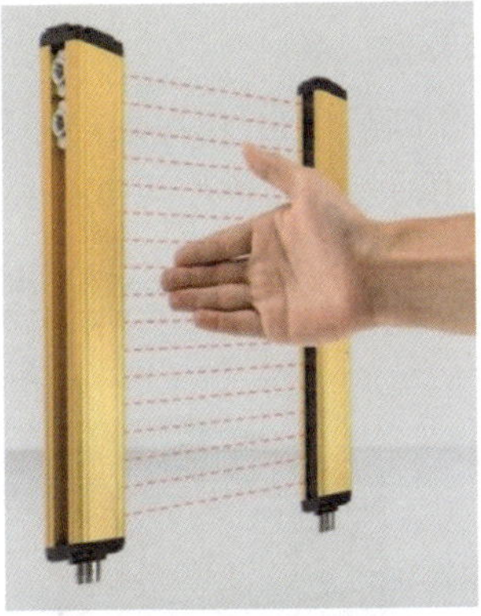	增强工业机器人系统的安全功能,保护人身安全
2	安全围栏	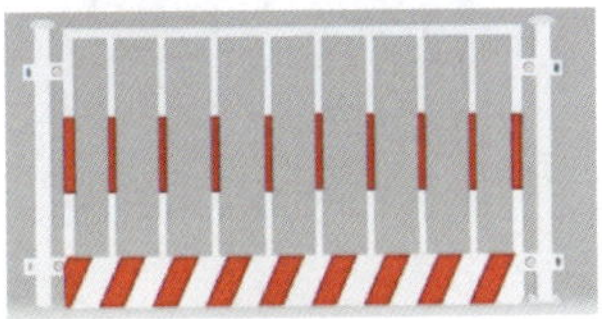	增强工业机器人系统的安全功能,保护人身安全
3	控制按钮		提高机器人程序的控制能力与安全能力
4	机器人夹具	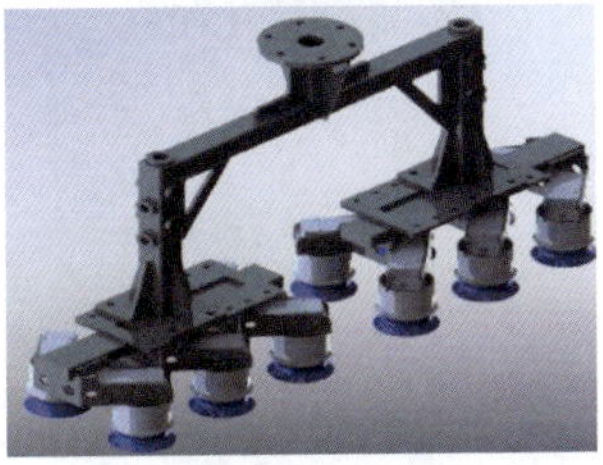	赋予机器人抓取功能
5	定位装置	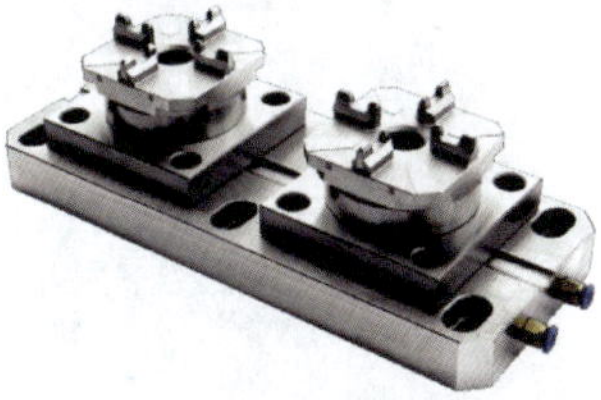	提高工业机器人抓取物料的定位精度
6	传送带	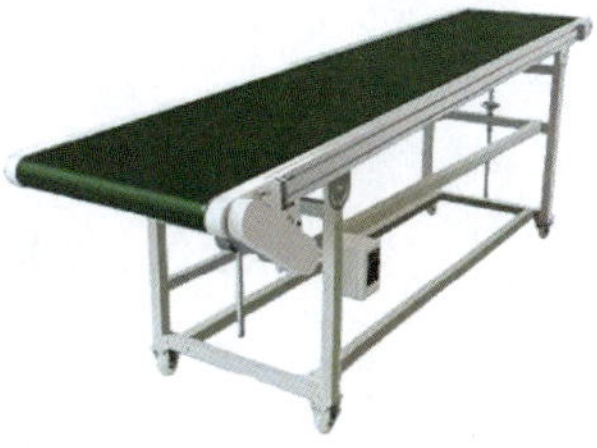	提高工业机器人系统的工作效率

三、不同工业机器人系统应用下的外围设备

1. 工业机器人焊接系统常用的外围设备

工业机器人焊接系统主要应用在汽车行业，包含点焊和弧焊两种焊接方式，用来实现自动化焊接作业。工业机器人焊接系统常用的外围设备及其功能见表 5-1-2。

表 5-1-2 工业机器人焊接系统常用的外围设备

序　号	名　称	图　片	功　能
1	焊接电源	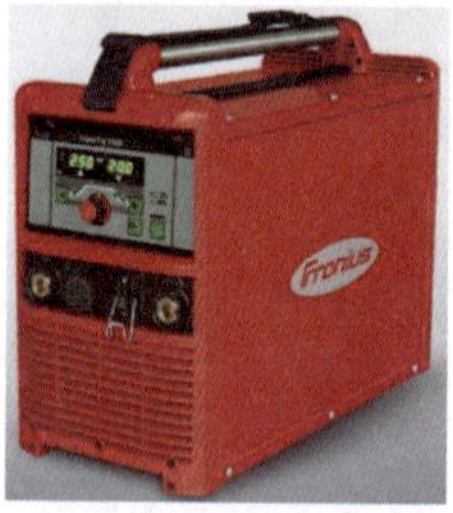	根据焊接工艺，提供合适的电流与电压
2	变位机		提高焊接的灵活性
3	排烟装置		净化焊接烟尘
4	工装夹具		固定焊接工件，提高焊接精确度
5	焊接工作台	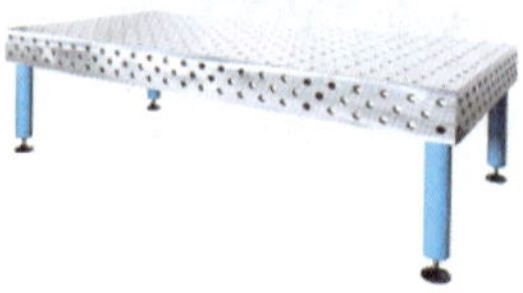	用于固定工装夹具以及工件

续表

序　号	名　称	图　片	功　能
6	清枪剪丝机 （弧焊）		用于清洁焊枪喷嘴内部飞溅，以便延长焊枪寿命
7	保护气瓶 （弧焊）	 	提供焊接保护气体
8	焊枪（弧焊）		执行弧焊操作的工具，安装在工业机器人法兰上
9	自动送丝装置（弧焊）		根据焊接工艺，稳定地输出焊丝
10	电极修磨器（点焊）	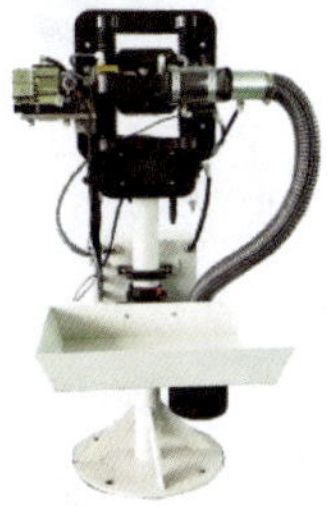	用于焊接电极磨损后的修整
11	点焊钳（点焊）	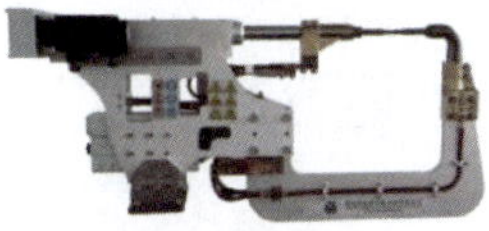	执行点焊操作的工具，安装在工业机器人法兰上
12	冷却水系统（点焊）		将点焊机的工作温度控制在正常范围内

续表

序　号	名　称	图　片	功　能
13	安全光栅	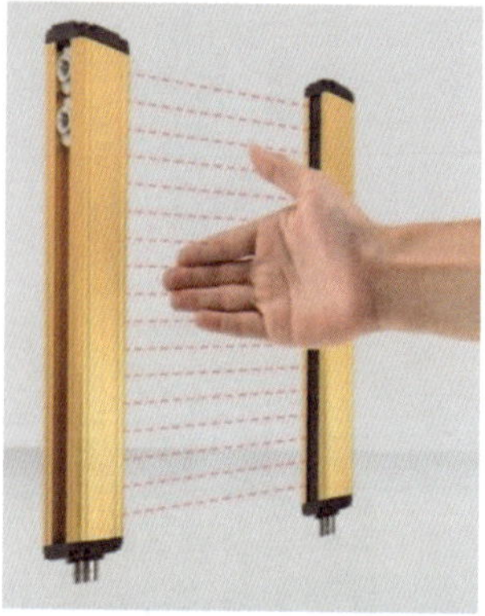	提高工业机器人焊接系统的安全功能，保护人身安全
14	安全围栏（防弧光）		防止无关人员误入焊接工作站内；遮挡弧光
15	控制按钮		控制焊接程序的运行、暂停等

2. 工业机器人搬运系统常用的外围设备

工业机器人搬运系统是利用搬运机器人替代人类，实现工件的自动搬运工作，大大减轻了人类繁重的体力劳动，被广泛应用于机床上下料、冲压自动化生产线、自动装配流水线、码垛搬运等。表 5-1-3 列举了工业机器人搬运系统常用的外围设备及其功能。

表 5-1-3　工业机器人搬运系统常用的外围设备

序　号	名　称	图　片	功　能
1	机器人导轨		扩大工业机器人的工作范围

续表

序　号	名　称	图　片	功　能
2	安全光栅	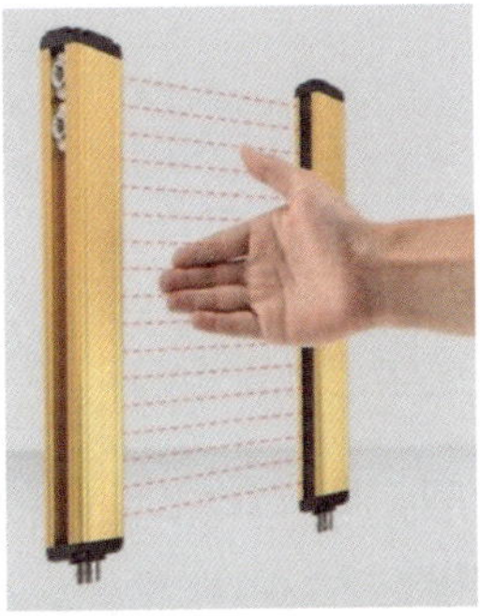	提高搬运机器人系统的安全性，保护人身安全
3	安全围栏	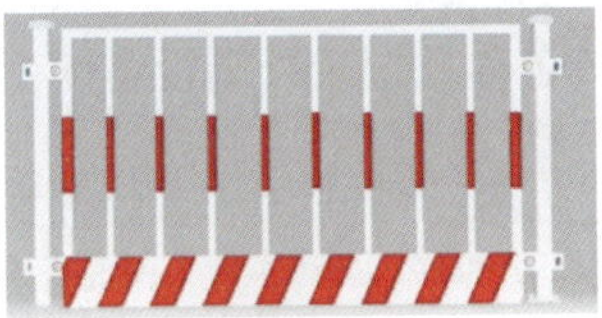	防止无关人员误入焊接工作站内
4	控制按钮		提高搬运机器人程序的启动、暂停等
5	机器人夹具	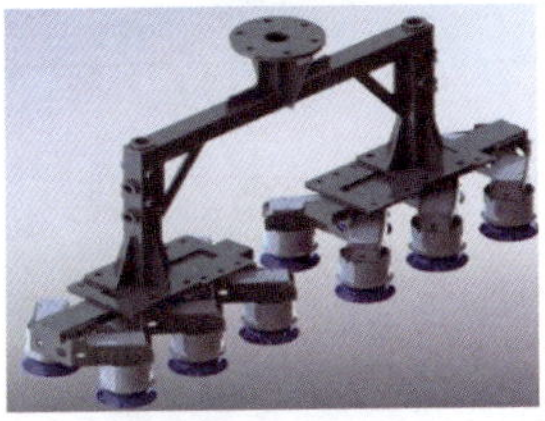	抓取、搬运工件
6	定位装置	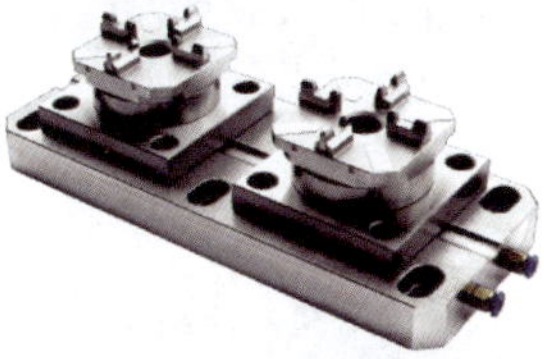	精确定位工件位置
7	传送带	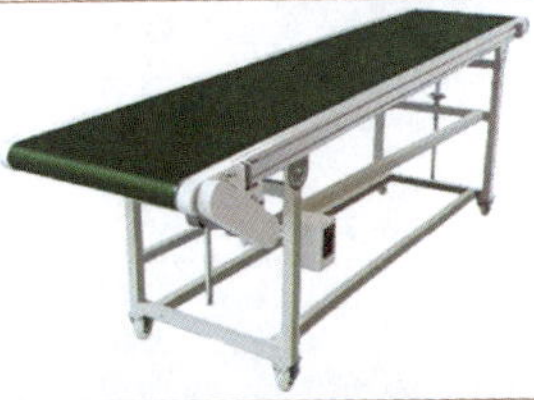	运输工件、提高搬运系统的工作效率
8	工件托盘	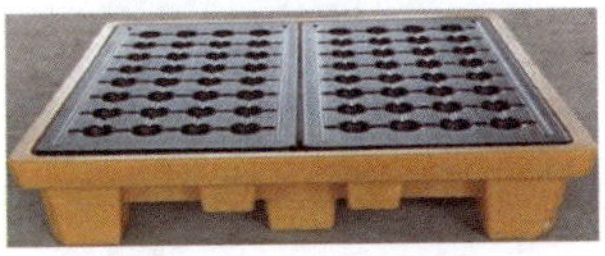	装载工件，可一次搬运多个工件

任务实施

一、准备工作

①领取安全防护装备。
②正确穿戴安全帽和安全鞋。

二、认识 ABB 工业机器人搬运系统中的外围设备

①首先观察工业机器人搬运系统的工作流程。
②然后关闭工业机器人系统并断电。
③进入搬运系统内，观察搬运系统内使用了哪些外围设备。
④观察外围设备的铭牌，写出其名称并记录外围设备的型号和数量（见表 5-1-4）。

表 5-1-4　搬运系统外围设备统计表

ABB 工业机器人搬运系统外围设备统计表			
序　号	外围设备名称	型　　号	数　　量
1			
2			
3			
4			
5			
6			

三、观察并记录工业机器人焊接系统外围设备的功能

①启动焊接机器人系统程序。
②观察外围设备在系统内如何工作。
③记录外围设备的工作内容及其功能（见表 5-1-5）。
④关闭焊接机器人系统并断电。

表 5-1-5　外围设备功能统计表

外围设备功能统计表			
序　号	外围设备名称	工作内容	设备功能
1			
2			
3			
4			
5			
6			

四、任务结束

①归还安全防护装备。

②提交搬运系统外围设备统计表。

任务评价

任务评价见表 5-1-6。

表 5-1-6　任务评价表

序号	评价内容	评价标准	分数	评分记录		
				学生自评	组间互评	教师评分
1	认识工业机器人搬运系统常用外围设备	不能写出工业机器人搬运系统外围设备的名称、型号、数量,每个扣 3 分,扣完为止	30			
2	认识工业机器人焊接系统常用外围设备功能	不能写出工业机器人焊接系统外围设备的工作内容和设备功能,每个扣 3 分,扣完为止	30			
3	安全文明生产	①劳动保护用品穿戴不整齐,扣 5 分。 ②操作中,未遵守操作规程,违反安全文明生产中设备操作、设备调试、用电安全知识,扣 10 分。 ③操作结束未清理现场,扣 5 分	20			
4	学生考勤情况	无迟到、早退、旷课	10			
5	工作态度	态度认真、团队合作、任务完成质量良好(字迹工整、表述正确)	10			
总分			100			

巩固练习

一、填空题

1. 工业机器人系统一般是由工业机器人、________、________(也称周边设备)共同组成。

2. 工业机器人的外围设备种类繁多,一般来说,在不同应用场合下,工业机器人系统的外围设备的种类有所不同,但是有一些外围设备是大部分机器人系统都会用到的。如:安全光栅、________、控制按钮、________、定位装置和________等。

3. 利用________可以提高焊接的灵活性。

二、简答题

1. 写出工业机器人搬运系统常用的外围设备及其功能(至少五个)。

2. 写出工业机器人焊接系统常用的外围设备及其功能(至少五个)。

任务二　维护与保养工业机器人外围设备

情景导入

经过一段时间的使用，ABB 工业机器人搬运系统的外围设备到了定期保养的时间，公司安排小李按照维护保养计划对重要的外围设备进行维护与保养，包含安全光栅、安全围栏、控制按钮、机器人夹具。

学习目标

一、知识目标

①了解外围设备的保养周期和保养内容，确保定期进行保养。
②掌握外围设备的保养技巧。

二、能力目标

①能按照计划对设备进行日常的维护保养，确保其正常工作。
②会使用正确的工具和材料进行外围设备维护保养工作。

三、素养目标

①增强学生对设备维护保养重要性的认识。
②提高学生的分析和解决问题的能力。
③强化学生的责任感和团队合作精神。

任务描述

本次任务主要是按照维护保养计划表对工业机器人搬运系统重要的外围设备进行维护与保养。要完成外围设备的维护与保养，首先要了解这些外围设备的操作方法与工作原理，这样才不会在维护保养过程中误操作，导致设备损坏或威胁到人身安全。其次，按照维护保养表，依次对重要的外围设备进行维护保养。最后，按照实际情况完成维护保养表的填写，并记录外围设备状态。

核心知识

一、维护与保养安全光栅

1. 安全光栅的原理

动画
安全光栅原理

安全光栅是避免人员接近移动机械的一种光电设备，可以有效防止人员伤亡，这类的移动机械有冲床、卷绕机、工业机器人等。安全光栅可以用来代替传统的机械屏障或其他方式的机械防护装置，也可以增加设备的可维修性。配合安全光栅，可以增加机械设备的操作性及效率。

安全光栅根据光幕产生方式的不同，可分为对射式、反射式、多面保护三种形式，如图 5-2-1 所示。

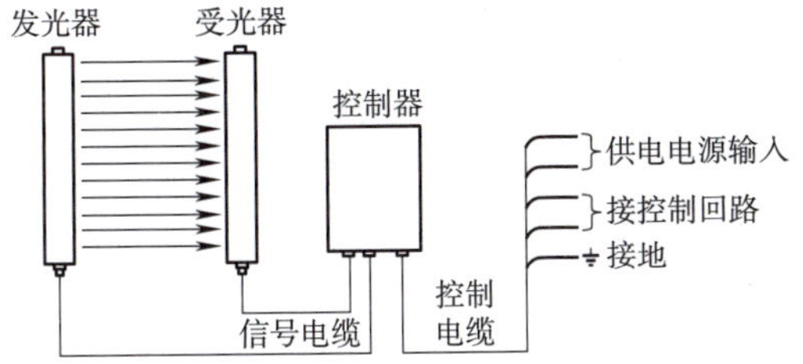

（a）对射式安全光栅

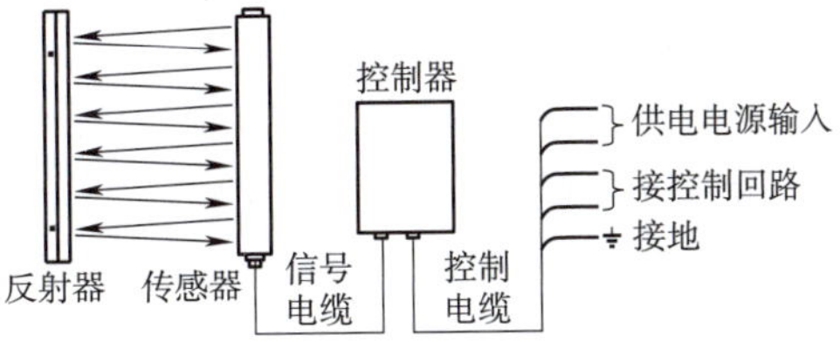

（b）反射式安全光栅

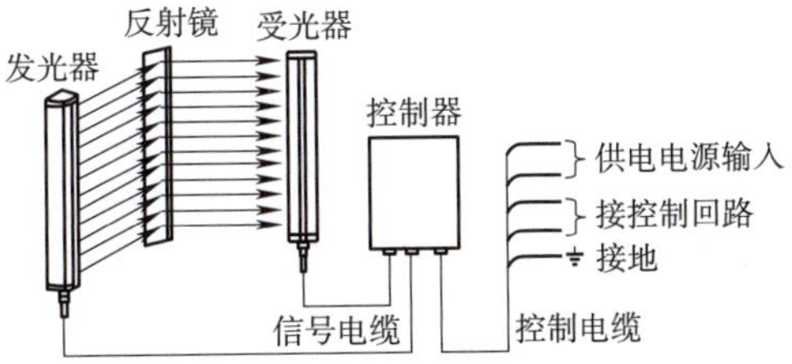

（c）多面保护式安全光栅

图 5-2-1　安全光栅类型

安全光栅工作原理：当光栅传感器保护区域内有遮挡物，例如人员进入时，光线被遮断，光栅传感器立即发出遮断信号给控制柜，控制柜安全指示灯绿灯熄灭，故障指示灯红灯点亮，继电器立即释放，设备停止且不能被启动，从而起到保护人员免受伤害。

当安全光栅用于保护工业机器人时，仅在工业机器人自动运行模式下有效。

2. 安全光栅的技术参数

安全光栅的主要参数有光轴间距、保护高度、对射距离（检测宽度）、响应时间。

光轴间距指每两道相邻光束之间的距离，也可以叫作分辨率。光轴间距决定了能穿过光栅物体的最大尺寸。

保护高度指安全光栅第一道光束到最后一道光束之间的距离，其计算公式为：保护高度 =（光轴数 − 1）× 光轴间距。

对射距离（检测宽度）指发射器到接收器之间的最远距离。

响应时间指接收端检测的频率，响应时间越短越能检测到更高速通过传感器的物体。

3. 安全光栅的维护保养计划表（见表 5-2-1）

表 5-2-1　安全光栅的维护保养计划表

设备名称	保养类型	保养内容	保养周期
安全光栅	环境检查	周围尽量不要堆放东西，以防损坏光栅	每周
		确保工业机器人不会超出安全光栅的保护范围	每周
	外观检查	安全光栅组件无比较明显的损坏	每周
		安全光栅线缆固定牢靠，无破损	每周
		安全光栅的光学封面无划伤或灰尘遮挡	每周
		安全光栅固定牢靠，无晃动	每周
	功能检查	安全光栅可以正常工作，无反应迟钝等现象	每天

4. 安全光栅的维护与保养

（1）环境检查

①观察安全光栅周围有无液体、尖锐物品或任何有可能损坏安全光栅的物品。如果有，应将这些物品移到远离安全光栅的位置。

②计算工业机器人（含夹具）的最大行程。最大行程 = 机器人的臂展 + 夹具的长度，如 IRB 120 工业机器人的臂展为 580 mm，假设夹具长度为 100 mm，则最大行程为 680 mm。应确保工业机器人的最大行程在安全光栅的保护范围之内。如果机器人可能超出安全光栅的范围，须重新安装光栅。

（2）外观检查

①观察安全光栅的各个组件是否有损坏。如果有，根据损坏情况进行评估，是否会影响安全光栅的使用。如果会影响，应立即更换安全光栅。

②观察安全光栅线缆是否有破损，固定是否牢固。如果有破损，应及时修复线缆（如使用电工胶带进行缠绕）或更换线缆。如果固定不牢固，应用束线带或其他固定方式加固线缆，如图 5-2-2 所示。

③观察安全光栅光学封面（见图 5-2-3）是否有划伤或灰尘遮挡，如果有，应使用软布擦拭干净，严禁用清洁剂或磨料。

图 5-2-2　束线带加固线缆

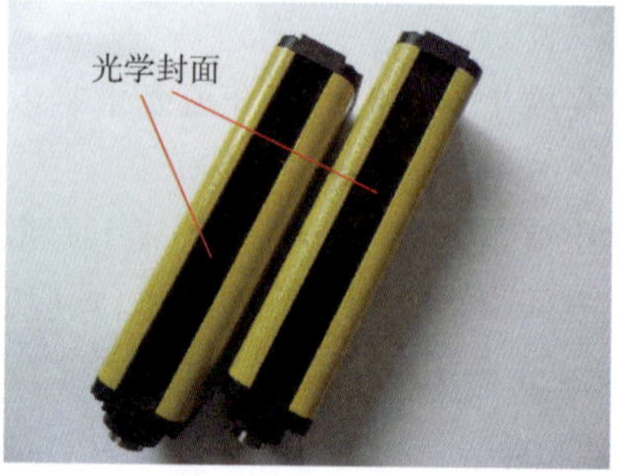

图 5-2-3　安全光栅光学封面

④轻微晃动安全光栅，观察安全光栅是否固定牢固，如果有晃动，使用相应工具（常用内六角扳手）对其进行加固。

（3）功能检查

①工业机器人上电、开机。

②在自动模式下，运行安全光栅测试程序。测试程序一般是使工业机器人不断移动的简易程序。

③使用光栅测试棒，依次遮挡安全光栅的各个发光器，观察工业机器人是否可以立即停止。如果安全光栅反应迟钝或工业机器人不会停止，则代表安全光栅功能失效，记录并报告，由专业维

修人员进行维修或更换。

④测试完毕，关闭工业机器人，并断电。

二、维护与保养安全围栏

1. 安全围栏介绍

安全围栏是工业机器人领域常用的一种安全措施，一是用于安全警示，常与安全门开关、报警装置（如三色灯）一起使用。二是用于隔离保护，即可以阻止生产人员误入机器人工作区域，也可阻止其他设备不小心撞到工业机器人。

安全围栏一般由铝型材框架和铁网片或其他板材组装而成，安装拆卸方便，外表美观易清洁，防腐耐磨，使用寿命长。常见的安全围栏组成如图 5-2-4 所示。

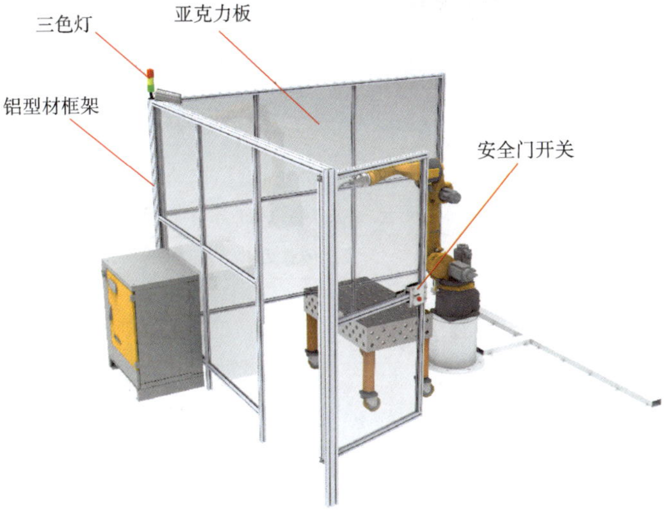

图 5-2-4　常见的安全围栏组成

2. 安全门开关

安全门开关（见图 5-2-5）是一种应用于安全生产场合的门开关，可以检测门的开启与关闭，主要是防止人员进入危险区域。

安全门开关由相互独立的两部分组成：开关本体和开关的操动件。当安全防护门打开时，开关操动件被从开关本体中拉出，此时开关内的常闭触点会通过一个机械反弹装置断开。当安全防护门闭合时，开关操动件插入开关本体内，此时常闭触点闭合，这样机器设备的驱动或控制系统才能通电工作。在任何情况下，具有单独分离式操动件的安全保护开关，都不允许用作机械停止开关。对于安全门开关，它是一种除了使用专用装置（钥匙等）以外，使用钥匙、硬币、螺丝刀、扁嘴钳、刀等常用工具无法轻易操作的开关，这样就可避免误操作或恶意操作带来安全方面的问题。

当安全门开关用于机器人领域时，仅在工业机器人自动运行模式下有效。

3. 三色灯

三色灯（见图 5-2-6）是工业机器人系统常用的一种状态指示装置，一般由红色、绿色和黄色组成。有些三色灯还包含蜂鸣器，当工业机器人系统生产过程中出现故障时，蜂鸣器就会发出声音，引起生产人员的注意。

在工业机器人系统中，红色灯常用于代表机器人报警，如紧急停止报警或其他类型的机器人报警。绿色灯代表正常运行。黄色灯代表机器人空闲或处于手动运行状态。

图 5-2-5　一种安全门开关

图 5-2-6　三色灯

4. 安全围栏的维护保养计划表(见表 5-2-2)

表 5-2-2　安全围栏的维护保养计划表

设备名称	保养类型	保养内容	保养周期
安全围栏	环境检查	围栏周围无易燃、易爆等危险品	每月
		三色灯周围无物体遮挡,易于观察	每月
	外观检查	围栏固定结实、无晃动	每月
		围栏板材无裂痕或破损	每月
		安全门开关固定牢靠,且线缆无破损	每月
		三色灯固定牢靠,且线缆无破损	每月
	功能检查	安全门开关可以正常工作	每天
		三色灯可正常显示机器人系统的状态	每天

5. 安全围栏的维护与保养

(1)环境检查

①观察安全围栏周围有无易燃、易爆等危险物品。如果有,应将这些危险物品移到远离安全光栅的位置。

②观察能否便于看到三色灯,有无物体遮挡。如果有,应将遮挡物移开,以防无法及时通过三色灯观察到工业机器人系统的状态。

(2)外观检查

①轻微晃动围栏,检查围栏是否固定牢靠,有无倾倒的风险。如果有,应使用工具(一般为内六角扳手)加固围栏。

②观察围栏板材有无裂痕或破损,如果有,应及时更换围栏板材。

③轻微晃动安全门开关,检查是否固定牢固。如果无,应使用工具(一般为内六角扳手)对其进行加固。

④观察安全门开关线缆是否有裸露或破损。如果有,应及时对其进行修复(如使用电工胶带进行缠绕)或更换。

⑤观察三色灯线缆是否有裸露或破损。如果有，应及时对其进行修复（如使用电工胶带进行缠绕）或更换。

（3）功能检查

①工业机器人上电、开机。

②在自动模式下，运行测试程序。测试程序一般是使工业机器人不断移动的简易程序。

③在机器人运行过程中，打开安全围栏的门，观察工业机器人是否可以立即停止工作。如果工业机器人不会立即停止，则代表安全门开关功能失效，记录并报告，由专业维修人员进行维修或更换。

④测试完毕，关闭工业机器人，并断电。

三、维护与保养外围控制按钮

1. 外围控制按钮介绍

外围控制按钮（见图 5-2-7）主要用于工业机器人程序的外部控制，一般包含红色、绿色、蓝色三种颜色的按钮，其中红色代表暂停或终止程序，绿色代表启动程序，蓝色代表复位功能。除了上述三种按钮，工业机器人系统还常用外部紧急停止按钮，一般放在易于接触的位置，用于紧急中断机器人的运行。

图 5-2-7　外围控制按钮

2. 外围控制按钮的维护保养计划表（见表 5-2-3）

表 5-2-3　外围控制按钮的维护保养计划表

设备名称	保养类型	保养内容	保养周期
外围控制按钮	环境检查	周围无液体或其他可能损坏控制按钮的物品	每周
		按钮功能标签清晰、易于辨识	每周
	外观检查	控制按钮固定结实、无晃动	每周
		按钮颜色清晰，无大面积磨损	每周
		控制按钮线缆完好、无裸露或破损	每周
	功能检查	控制按钮功能正常，无不良反应	每天

3. 外围控制按钮维护与保养

（1）环境检查

①观察外部控制按钮周围有无液体或其他可能损坏控制按钮的物品。如果有，应将这些物品移到远离安全光栅的位置。

②观察外部控制按钮功能标签（见图 5-2-8）是否清晰或易于辨识。如果不可以清晰辨识，请及时更换标签。

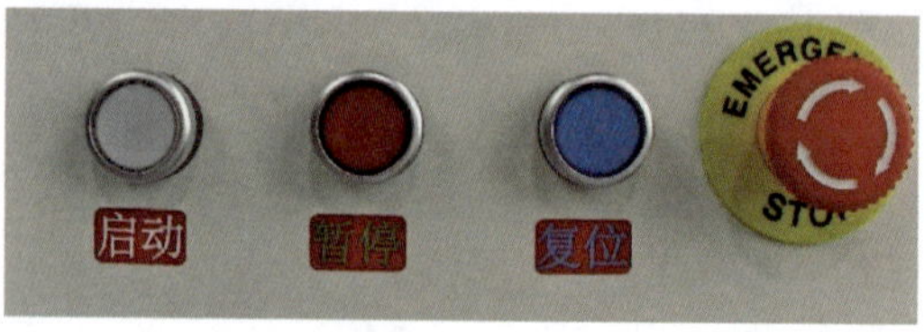

图 5-2-8　清晰完整的按钮标签

(2)外观检查

①多次按压每个控制按钮,检查按钮是否固定结实。如果有晃动,应手动将其拧紧。

②观察按钮颜色是否清晰。如果磨损严重,应及时更换相同类型的按钮。

③检查外围控制按钮的连接线缆是否有断裂或破损。如果有,应及时更换连接线缆。

(3)功能检查

①工业机器人上电、开机。

②在自动模式下,依次按压各控制按钮,检测其功能是否正常。

③如果外围控制按钮功能异常,应及时记录报告,由专业维修人员进行测试维修。

④测试完毕,关闭工业机器人,并断电。

四、维护与保养机器人夹具

1. 机器人夹具分类

工业机器人夹具的种类按照其使用特点可以分为:

①专用性夹具。专用性夹具是为某种产品零件在某道工序上的装夹需要而专门设计制造。服务对象专一,针对性强,一般由产品制造厂自行设计。

②通用夹具。通用夹具如机用虎钳、卡盘、吸盘、分度头和回转工作台等,有很大的通用性,能较好地适应加工工序和加工对象的变换,其结构已定型,尺寸、规格已系列化,机械手配件其中大多数已成为机床的一种标准附件。

③可调夹具。可调夹具是可以更换或调整元件的专用夹具。

④组合夹具。组合夹具由不同形状、规格和用途的标准化元件组成的夹具。机械手配件适用于新产品试制和产品经常更换的单件、小批生产以及临时任务。

以 ABB 搬运机器人系统为例,常用的机器人夹具有两种:一种是吸盘组形式的夹具(见图 5-2-9),用于抓取表面平整的物体,如包装箱;另一种是夹爪式的夹具(见图 5-2-10),用于抓取柔性的物体,如面粉袋。

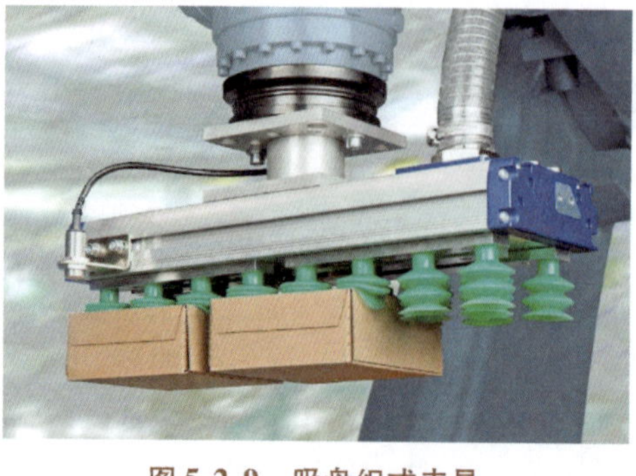

图 5-2-9　吸盘组式夹具

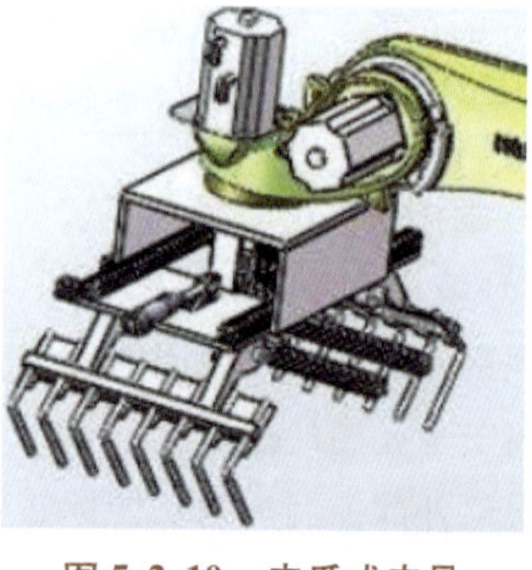

图 5-2-10　夹爪式夹具

2. 机器人夹具的维护保养计划表(见表5-2-4)

表5-2-4　机器人夹具的维护保养计划表

设备名称	保养类型	保养内容	保养周期
机器人夹具	外观检查	夹爪或者真空吸盘无裂痕或破裂	每天
		夹具固定牢固	每天
		线缆无断裂或磨损严重	每天
	功能检查	气管连接牢固、无漏气	每天
		夹具上传感器(若有)可以正常工作	每天
		夹具可以正常控制物体的抓取	每天

3. 机器人夹具维护与保养

(1)外观检查

①观察机器人夹具有无裂痕或断裂。如果有,应及时更换机器人夹具。

②用力晃动机器人夹具,检查工业机器人是否固定牢靠。如果有晃动,应使用活扳手或内六角扳手对机器人夹具进行加固。

③检查机器人夹具线缆有无磨损严重或断裂等情况。如果有,应及时更换机器人夹具线缆。

(2)功能检查

①工业机器人上电、开机。

②切换为手动模式,启动夹具抓取信号,检查气管是否有漏气现象。若有,应及时更换气管。

③若夹具包含传感器,则触发机器人夹具传感器,检查传感器是否能正常工作。若有异常,应更换传感器。

④手动控制工业机器人去抓取物料,检测机器人夹具功能是否完好,若无法正常抓取,记录并报告,由专业维修人员进行维修。

⑤测试完毕,关闭工业机器人,并断电。

学习笔记

任务实施

技能训练一　维护与保养安全光栅

模拟企业真实工作场景,3 名同学为一组,2 名同学根据所学知识进行安全光栅的维护与保养操作,另外 1 名同学进行监督和评分,并详细记录工业机器人安全光栅维护保养记录单(见表 5-2-5)。

视频

安全光栅的维护和保养

一、准备工作

①正确穿戴安全防护设备。

②领取工具:内六角扳手一套、活扳手一个、光栅探测棒一个、电工胶带一卷、束线带若干、软布一块。

③进入现场前,确认设备处于停机断电状态。

二、安全光栅维护与保养

表 5-2-5　安全光栅维护保养记录单

记录人员:　　　　操作人员:　　　　日期:

序号	工作内容	关键流程	任务结果	出现的问题	解决办法
1	检查并移除周围液体及物品	①观察安全光栅周围有无液体、尖锐物品或任何有可能损坏安全光栅的物品。如果有,将这些物品移到远离安全光栅的位置	□完成 □未完成		
	计算最大行程,必要时重新安装光栅	②计算工业机器人(含夹具)的最大行程,确保工业机器人的最大行程在安全光栅的保护范围之内。如果最大行程可能超出安全光栅的保护范围,重新安装光栅	□完成 □未完成		
	评估安全光栅组件是否良好	③观察安全光栅的各个组件是否有损坏。如果有,根据损坏情况,进行评估,是否会影响安全光栅的使用。如果会影响,立即更换安全光栅	□完成 □未完成		
	检查破损情况(线缆)	④观察安全光栅线缆是否有破损,固定是否牢固。如果有破损,应及时修复或更换线缆。如果固定不牢固,应用束线带或其他固定方式加固线缆	□完成 □未完成		
	检查光学封面划痕及落灰情况	⑤观察安全光栅光学封面是否有划伤或灰尘遮挡。如果有,应使用软布擦拭干净,严禁用清洁剂或磨料	□完成 □未完成		
	检查固定情况(安全光栅)	⑥轻微晃动安全光栅,观察安全光栅是否固定牢固。如果有晃动,使用相应工具对其进行加固	□完成 □未完成		
	开机	⑦工业机器人上电、开机。在自动模式下,运行安全光栅测试程序	□完成 □未完成		
	运行中遮挡发光器测试	⑧使用光栅测试棒,依次遮挡安全光栅的各个发光器,观察工业机器人是否可以立即停止。如果安全光栅反应迟钝或机器人不会停止,应记录并报告,由专业维修人员进行维修或更换	□完成 □未完成		
	关机	⑨测试完毕,关闭工业机器人,并断电	□完成 □未完成		

三、任务结束

①归还工具。
②归还安全防护设备。
③提交维护保养记录表。

技能训练二　维护与保养安全围栏

模拟企业真实工作场景，3 名同学为一组，2 名同学根据所学知识进行安全围栏的维护与保养操作，另外 1 名同学进行监督和评分，并详细记录安全围栏维护保养记录单（见表 5-2-6）。

一、准备工作

①正确穿戴安全防护设备。
②领取工具：内六角扳手一套、活扳手一个、电工胶带一卷、束线带若干、软布一块。
③进入现场前，确认设备处于停机断电状态。

二、安全围栏维护与保养

表 5-2-6　安全围栏维护保养记录单

记录人员：　　　　　　　　　　操作人员：　　　　　　　　　　日期：

序号	工作内容	关键流程	任务结果	出现的问题	解决办法
1	检查并移除周围危险品	①观察安全围栏周围有无易燃、易爆等危险物品。如果有，妥善将这些危险物品移到远离安全光栅的位置	□完成 □未完成		
	检查物体遮挡	②观察能否便于看到三色灯，有无物体遮挡。如果有，将遮挡物移开	□完成 □未完成		
	检查固定情况（围栏本身）	③轻微晃动围栏，检查围栏是否固定牢靠，有无倾倒的风险。如果有，使用工具加固围栏	□完成 □未完成		
	检查破损或断裂情况（板材）	④观察围栏板材有无裂痕或破损。如果有，及时更换围栏板材	□完成 □未完成		
	检查固定情况（安全门开关）	⑤轻微晃动安全门开关，检查是否固定牢固。如果不牢固，使用工具对其进行加固	□完成 □未完成		
	检查破损情况（安全门开关线缆）	⑥观察安全门开关线缆是否有裸露或破损。如果有，及时对其进行修复或更换	□完成 □未完成		
	检查破损情况（三色灯线缆）	⑦观察三色灯线缆是否有裸露或破损。如果有，对其进行修复或更换	□完成 □未完成		
	开机	⑧工业机器人上电、开机。自动模式下，运行测试程序	□完成 □未完成		
	运行中打开围栏门测试	⑨在机器人运行过程中，打开围栏的门，观察工业机器人是否可以立即停止工作。如果不会立即停止，则记录并报告，进行维修或更换	□完成 □未完成		
	关机	⑩测试完毕，关闭工业机器人，并断电	□完成 □未完成		

三、任务结束

①归还工具。
②归还安全防护设备。
③提交维护保养记录表。

技能训练三　维护与保养外围控制按钮

模拟企业真实工作场景，3 名同学为一组，2 名同学根据所学知识进行外围控制按钮的维护与保养操作，另外 1 名同学进行监督和评分，并详细记录外围控制按钮维护保养记录单(见表 5-2-7)。

一、准备工作

①正确穿戴安全防护设备。
②领取工具：电工胶带一卷、束线带若干、软布一块。
③进入现场前，确认设备处于停机断电状态。

二、外围控制按钮维护与保养

表 5-2-7　外围控制按钮维护保养记录单

记录人员：　　　　　　　　操作人员：　　　　　　　　日期：

序号	工作内容	关键流程	任务结果	出现的问题	解决办法
1	检查并移除周围液体及物品	①观察外部控制按钮周围有无液体或其他可能损坏控制按钮的物品。如果有，将这些物品移到远离安全光栅的位置	□完成 □未完成		
	检查标签清晰程度	②观察外部控制按钮功能标签是否清晰或易于辨识。如果不能清晰辨识，及时更换标签	□完成 □未完成		
	检查按钮固定情况	③多次按压每个控制按钮，检查按钮是否固定结实。如有晃动，手动将其拧紧	□完成 □未完成		
	检查按钮颜色	④观察按钮颜色是否清晰。如果磨损严重，及时更换相同类型的按钮	□完成 □未完成		
	检查破损或断裂情况(线缆)	⑤检查外围控制按钮的连接线缆，是否有断裂或破损。如果有，及时更换连接线缆	□完成 □未完成		
	开机	⑥工业机器人上电、开机	□完成 □未完成		
	检查按钮功能	⑦自动模式下，依次按压各控制按钮，检测其功能是否正常	□完成 □未完成		
	记录并送修	⑧如果外围控制按钮功能异常，记录并报告，进行测试维修	□完成 □未完成		
	关机	⑨测试完毕，关闭工业机器人，并断电	□完成 □未完成		

三、任务结束

①归还工具。
②归还安全防护设备。
③提交维护保养记录表。

技能训练四　维护与保养机器人夹具

模拟企业真实工作场景,3 名同学为一组,2 名同学根据所学知识进行机器人夹具的维护与保养操作,另外 1 名同学进行监督和评分,并详细记录机器人夹具维护保养记录单(见表 5-2-8)。

一、准备工作

①正确穿戴安全防护设备。
②领取工具:内六角扳手一套、活扳手一个、电工胶带一卷、束线带若干、软布一块。
③进入现场前,确认设备处于停机断电状态。

二、机器人夹具维护与保养

表 5-2-8　机器人夹具维护保养记录单

记录人员：　　　　操作人员：　　　　日期：

序号	工作内容	关键流程	任务结果	出现的问题	解决办法
1	检查裂痕或断裂情况(夹具本身)	①观察机器人夹具有无裂痕或断裂。如果有,及时更换机器人夹具	□完成 □未完成		
	检查固定情况	②用力晃动机器人夹具,检查机器人是否固定牢靠。如果有晃动,使用活扳手或内六角扳手对机器人夹具进行加固	□完成 □未完成		
	检查磨损或断裂情况(线缆)	③检查机器人夹具线缆有无磨损严重或断裂等情况。如果有,及时更换机器人夹具线缆	□完成 □未完成		
	开机	④工业机器人上电、开机	□完成 □未完成		
	检查漏气	⑤切换为手动模式,启动夹具抓取信号,检查气管是否有漏气现象。若有,及时更换气管	□完成 □未完成		
	检查传感器	⑥若夹具包含传感器,则触发机器人夹具传感器,检查传感器能否正常工作。若有异常,更换传感器	□完成 □未完成		
	检查抓取情况	⑦手动控制工业机器人去抓取物料,检测机器人夹具功能是否完好。若无法正常抓取,记录并报告,由专业维修人员进行维修	□完成 □未完成		
	关机	⑧测试完毕,关闭工业机器人,并断电	□完成 □未完成		

三、任务结束

①归还工具。
②归还安全防护设备。
③提交维护保养记录表。

任务评价

任务评价见表5-2-9。

表 5-2-9 任务评价表

序号	评价内容	评价标准	分数	评分记录		
				学生自评	组间互评	教师评分
1	维护与保养安全光栅	①周围堆放了可能损坏安全光栅的物品,扣3分。 ②最大行程超出安全光栅的保护范围,扣3分。 ③固定不牢靠,有晃动,扣3分。 ④安全光栅的光学封面有划伤或灰尘遮挡,扣3分。 ⑤安全光栅组件有较明显的损坏,扣3分。 ⑥安全光栅工作时有反应迟钝等现象,扣3分	18			
2	维护与保养安全围栏	①周围堆放了危险物品,扣3分。 ②有物体遮挡,不便于看到三色灯,扣3分。 ③固定不牢靠,有倾倒风险,扣3分。 ④板材有裂痕或破损,扣3分。 ⑤安全门开关固定不牢固或其线缆有破损,扣3分。 ⑥运行中打开围栏门,机器人未停止工作,扣3分	18			
3	维护与保养外围控制按钮	①周围堆放了可能损坏外围控制按钮的物品,扣3分。 ②功能标签不清晰或不易辨识,扣3分。 ③进行按压测试,外围控制按钮固定不牢靠,扣3分。 ④外围控制按钮颜色不清晰或磨损严重,扣3分。 ⑤外围控制按钮的连接线缆有断裂或破损,扣3分。 ⑥检测外围控制按钮,若出现控制功能不正常,扣3分	18			
4	维护与保养机器人夹具	①机器人夹具有裂痕或断裂,扣3分。 ②机器人夹具固定不牢靠,有晃动,扣3分。 ③机器人夹具线缆有磨损严重或断裂等情况,扣3分。 ④切换为手动模式,启动夹具抓取信号,气管有漏气现象,扣3分。 ⑤若夹具包含传感器,触发机器人夹具传感器,不能正常工作,扣3分。 ⑥检测机器人夹具功能是否完好,若无法正常抓取,扣3分	18			

续表

序号	评价内容	评价标准	分数	评分记录		
				学生自评	组间互评	教师评分
5	安全生产	①劳动保护用品穿戴不整齐，扣4分。 ②操作中，未遵守操作规程，违反安全文明生产中设备操作、设备调试、用电安全知识，扣10分。 ③操作结束未清理现场，扣4分	18			
6	学生考勤情况	无迟到、早退、旷课	5			
7	工作态度	态度认真、团队合作、任务完成质量良好（字迹工整、计算正确）	5			
总分			100			

巩固练习

一、填空题

1. 安全光栅根据光幕产生方式的不同，可分为______、______、______三种形式。

2. 安全围栏是工业机器人领域常用的一种安全措施，一是用于______，二是用于______，既可以阻止生产人员误入机器人工作区域，也可阻止其他设备不小心撞到工业机器人。

3. 三色灯是工业机器人系统常用的一种状态指示装置，一般由______色、______色和______色组成。

4. 工业机器人夹具的种类按照其使用的特点可以分为：专用性夹具、______、可调夹具和______等。

二、简答题

1. 不同工业机器人外围设备的维护与保养有哪些共同点和不同点，请分别列举说明。
2. 在工业机器人外围设备的维护保养过程中，你遇到了哪些问题，是怎么解决的？

任务三　排除工业机器人外围设备常见故障

情景导入

公司排小李列出ABB工业机器人搬运系统外围设备的常见故障以及详细的解决方案，方便生产人员现场尽快解决由工业机器人外围设备故障导致的宕机，减少工业机器人系统停机时间，提高生产效率。

学习目标

一、知识目标

①熟悉工业机器人外围设备的常见故障信息。

②了解工业机器人外围设备常见故障的解决方法。

二、能力目标

①能识别和描述外围设备常见故障的症状。
②能根据故障诊断结果,选择合适的维修方法或更换策略。
③能记录和报告故障排除过程及结果,为后续维护提供参考。

三、素养目标

①培养良好的团队合作精神,与团队成员共同解决复杂故障问题。
②提升客户服务意识,确保故障解决过程中对客户需求的及时响应。
③持续优化工作流程,提高故障排除效率和质量,减少故障对生产或服务的影响。

任务描述

协助小李列出工业机器人搬运系统外围设备的常见故障以及详细的解决方案。首先查阅资料,了解实际生产过程中工业机器人外围设备经常会出现哪些问题,再根据这些问题列出可能的原因,以及这些原因所对应的解决方案。

核心知识

一、排除安全光栅常见故障

安全光栅是工业机器人系统重要的安全保护措施之一,当安全光栅出现故障时,要及时查找并解决故障,避免造成危险。

1. 造成故障的原因

①环境因素:常见的有外围电磁环境有可能干扰安全光栅;高强度光源也可能影响安全光栅。

②电路问题:安全光栅未接屏蔽线或其他接线错误;电线破损、裸露、断裂等;线缆插头针脚损坏;供电电压不在光栅的额定范围之内。

③硬件问题:发光器与受光器未对准,或光学封面灰尘太大等,导致的受光器无法接收到光线;发光器损坏、受光器损坏。

2. 全面性故障排查

若对安全光栅故障进行全面排查,则可按照造成故障的原因,分别进行断电检查和上电检查,具体操作如下:

(1)断电检查

①观察周围有无可能对安全光栅造成电磁干扰的设备,如变频器。如有,则先将其关闭。

②观察周围有无强光源。如有,则先将其关闭,或对安全光栅受光器进行遮蔽,遮蔽时不可阻挡发光器的光线。

③对照安全光栅的接线原理图,检查安全光栅的接线有无错误,不同光栅的接线方式会不太一样。

④重新插拔线缆插头,检查插头的针脚有无损坏。如有,则更换整条安全光栅线缆。

⑤检查安全光栅的线缆有无破损或断裂。如有,则更换安全光栅的线缆。

⑥检查安全光栅中间有无遮挡物阻碍光线,光学镜面是否干净。如有,则移除障碍物,或使用

软布对光学镜面进行擦拭。

⑦检查发光器与受光器安装时是否对准。如果没有，则重新调整两者位置，使其对准。

(2)上电检查

①测量安全光栅的供电电压是否在设备的额定电压内。如果不在，则更换电源或调节电源电压。

②检查发光器与受光器的指示灯是否亮起。如果没有亮起，则需联系原厂家进行返厂修理或更换新的安全光栅。

3. 针对某一故障现象排查

在实际工作中，往往需要根据某些具体的故障现象，来判断故障原因并选取解决方案。安全光栅常见故障现象、可能原因及解决方案见表5-3-1。

表5-3-1 安全光栅常见故障现象、可能原因及解决方案一览表

故障现象	可能原因	解决方案
安全光栅失效或工业机器人一直报警:10012，安全防护停止状态	安全光栅电源线未连接或断路	检查安全光栅电源线连接
	安全光栅光学封面灰尘太多，遮挡了光线	清除灰尘，确认不遮挡光线
	发光器和受光器没有对准	重新对准发光器和受光器
	安全光栅控制柜或发光器、受光器的其他问题	联系厂家进行返厂维修或更换
安全光栅通信故障	通信线缆连接不正确	重新连接通信线缆
	通信线缆断开	检查通信线缆连接是否良好
	外界电磁干扰了光栅通信	重新连接安全光栅屏蔽线或查找可能影响光栅的设备(如变频器)
	电源电压不足	检查电源电压，若不足则更换电源
接收器故障	接收器线缆松动或接触不良	检查接收器插头针脚是否完好，重新连接接收器线缆
	环境亮度太强，影响了接收器正常工作	屏蔽接收器环境亮度
发射器故障	发射器线缆松动或接触不良	检查接收器插头针脚是否完好，重新连接接收器线缆

二、排除安全围栏常见故障

安全围栏由围栏、安全门开关、三色灯等组成。由于围栏本身不涉及电路，因此出现故障的概率较小，且易于解决。

1. 造成故障的原因

一般安全围栏故障，主要是由安全门开关与三色灯引起的，下面是安全围栏一些常见的故障点，实际排除故障时，可以按部件一一进行排障。

①围栏故障：常见有门无法正常开启与关闭，可能是铰链问题。

②安全门开关故障：接线错误；电线破损、裸露、断裂等；线缆插头针脚损坏；供电电压不在设备的额定范围之内。

③三色灯故障：接线错误；电线破损、裸露、断裂等；供电电压不在设备的额定范围之内，未对工业机器人三色灯配置系统输出信号。

2. 全面性故障排查

若对安全围栏故障进行全面排查，则可按照造成故障的原因，分别进行断电检查和上电检查，具体操作如下：

（1）断电检查

①检查安全门开关线缆及三色灯线缆与机器人间的接线是否正确。如果连接不正确，则根据接线原理图，对其重新进行接线。

②观察安全门开关线缆与三色灯线缆是否有破损或断裂。如果有，则更换线缆。

③重新插拔安全围栏相关的插头，检查有无针脚损坏。如果有，则更换相关的插头。

（2）上电检查

①测量安全门开关的供电电压是否在设备的额定电压内。如果不在，则更换电源或调节电源电压。

②测量三色灯的供电电压是否在设备的额定电压内。如果不在，则更换电源或调节电源电压。

③检查工业机器人内是否为三色灯配置了正确的系统输出信号。如果配置错误，则重新配置机器人系统输出信号。

3. 针对某一故障现象排查

在实际工作中，往往需要根据某些具体的故障现象，来判断故障原因并选取解决方案。安全围栏常见故障现象、可能原因及解决方案见表 5-3-2。

表 5-3-2　安全围栏常见故障现象、可能原因及解决方案一览表

故障现象	可能原因	解决方案
围栏门打开关闭不顺畅	围栏门铰链松动或断裂	重新固定或更换围栏门铰链
	有异物卡在了围栏门铰链处，阻碍了围栏门的开启关闭	清理可能影响围栏门铰链活动的异物
三色灯不亮	三色灯电源线未连接或处于断路状态	重新连接三色灯电源线，并确认电源线中间有无断路
	三色灯供电电源没有电压	检查三色灯供电电源是否开启或更换电源
	三色灯内部短路或故障	更换新的三色灯
安全门开启或关闭，工业机器人都不会停止动作	安全门开关线缆与工业机器人未连接	检查安全门开关线缆是否连接正确，必要时重新连接
	安全门开关内部短路	更换安全门开关
机器人一直报警：10012，安全防护停止状态	安全门未关闭或未完全关闭	重新关闭安全门
	安全门开关线缆断开	更换安全门开关线缆

三、排除外围控制按钮常见故障

外围控制按钮一般均包含常开触点与常闭触点。针对 ABB 工业机器人，其中“启动”“复位”接按钮的常开触点，“停止”接按钮的常闭触点。急停按钮包含两个常闭触点，分别接入 ABB 工业机器人的两个外部急停安全回路。

1. 造成故障的原因

下面是外围控制按钮一些常见的故障点，实际排除故障时，可优先排除这些故障点。

①接线故障：按钮端连接到了错误的触点；工业机器人端连接到了错误的端子排；线缆接触不良；线缆破损或断裂。

②软件故障：工业机器人内部未为启动、停止、复位按钮配置系统输入信号或配置了错误的系统输入信号。

③硬件故障：按钮内部机械结构损坏，造成无法回弹。

2. 全面性故障排查

若对外围控制按钮进行全面排查，则可按照造成故障的原因，分别进行断电检查和上电检查，具体操作如下：

(1)断电检查

①检查外围控制按钮能否正常按下，正常弹起。如果否，则更换新的按钮。

②检查外围控制按钮的接线是否正确。如果接线错误，则对按钮进行重新接线。

③检查外围控制按钮的线缆是否有破损或断裂。如果有，则更换相应的线缆。

(2)上电检查

检查工业机器人内部是否为外部控制按钮配置了正确的系统输入。如果否，则重新对工业机器人系统输入进行相应配置。

3. 针对某一故障现象排查

在实际工作中，往往需要根据某些具体的故障现象，来判断故障原因并选取解决方案。外围控制按钮常见故障现象、可能原因及解决方案见表5-3-3。

表5-3-3　外围控制按钮常见故障现象、可能原因及解决方案一览表

故障现象	可能原因	解决方案
按下启动按钮，工业机器人程序无法启动	启动按钮线缆断开或未连接到工业机器人	检查启动按钮线缆是否连接
	工业机器人未配置系统输入信号“Start”	为启动按钮配置系统输入信号“Start”
	停止按钮线缆断开	检查停止按钮线缆是否连接正常
	停止按钮连接了常开触点	将停止按钮连接到常闭触点
停止按钮无效	停止按钮短路	更换停止按钮线缆或停止按钮
	工业机器人未配置系统输入信号“Stop”	为停止按钮配置系统输入信号“Stop”
复位按钮无效	复位按钮线缆断路或未连接到工业机器人	检查复位按钮线缆是否连接正常，有无短路
	工业机器人未配置系统输入信号“Reset”	为复位按钮配置系统输入信号“Reset”
机器人一直报警：10012，安全防护停止状态	急停按钮某一回路断开或双回路全部断开	检查急停按钮接线是否正确
	急停按钮内部断路	更换急停按钮

四、排除机器人夹具常见故障

机器人夹具由于使用频率较高，移动速度快，较容易发生碰撞，所以出现故障概率较大，主要体现在夹具机械结构故障、气路故障与电路故障上。

1. 造成故障的原因

下面是机器人夹具一些常见的故障点，实际排除故障时，可优先排除这些故障点。

①硬件故障：手抓断裂；吸盘或手抓磨损严重；传感器故障。

②气路故障：气管漏气；气源压力不足；电磁阀故障。

③电路故障：线缆破损或断裂；电路连接错误。

2. 全面性故障检查

若对机器人夹具进行全面排查，则可按照造成故障的原因，分别进行断电检查和上电检查，具体操作如下：

(1)断电检查

①检查机器人夹具的磨损情况。如果严重磨损，则需更换新的机器人夹具。

②检查机器人夹具线缆是否有破损或断裂。如果有，则更换机器人夹具线缆。

(2)上电检查

①检查气路是否有漏气现象。如有，则更换气管或更换气管接头。

②查看调压阀，观察气体压力是否达到要求的压力。如果未达到，则调节调压阀，使其压力达到所需的气体压力。

③操纵示教器，使机器人夹具动作，观察机器人夹具对应的电磁阀是否动作。如果无动作，则更换电磁阀。

④检查机器人夹具上的传感器是否对输入有反应。如果无反应，则更换传感器。

3. 针对某一故障现象排查

在实际工作中，往往需要根据某些具体的故障现象，来判断故障原因并选取解决方案。机器人夹具常见故障现象、可能原因及解决方案见表5-3-4。

表5-3-4　机器人夹具常见故障现象、可能原因及解决方案一览表

故障现象	可能原因	解决方案
机器人夹具无法抓起物体	未打开压缩空气开关	检查气源开关是否开启
	气源气压不足	调节调压阀，提高气源气压
	气路某处存在漏气现象	检查气路是否存在漏气现象
运行程序，机器人夹具无动作	机器人夹具未连接到正确的I/O点	检查机器人夹具I/O点是否连接正确
	程序内I/O点输入错误	检查程序内使用的I/O点是否正确
	继电器故障，无动作	更换继电器
	机器人夹具控制线缆某处断开或未连接	检查机器人夹具电缆是否完好

学习笔记

任务实施

技能训练一　排除安全光栅常见故障

模拟企业真实工作场景，3 名同学为一组，2 名同学根据所学知识进行安全光栅的故障排除操作，另外 1 名同学进行监督和评分，并详细记录安全光栅故障分析与排除记录单（见表 5-3-5）。

一、准备工作

①正确穿戴安全防护设备。

②领取工具：内六角扳手一套、光栅探测棒一个、万用表一个、电工胶带一卷、束线带若干、备用线缆若干。

③进入现场前，确认设备处于停机断电状态。

二、安全光栅故障分析与排除

表 5-3-5　安全光栅故障分析与排除记录单

记录人员：　　　　操作人员：　　　　日期：

序号	工作内容	关键流程	任务结果	出现的问题	解决办法
1	检查并移除干扰设备	①观察周围有无可能对安全光栅造成电磁干扰的设备，如变频器。如有，则先将其关闭	□完成 □未完成		
	关闭强光源或遮蔽受光器	②观察周围有无强光源。如有，则先将其关闭，或对安全光栅受光器进行遮蔽	□完成 □未完成		
	核对接线方式并检查接线	③对照安全光栅的接线原理图，检查安全光栅的接线有无错误	□完成 □未完成		
	检查插头针脚	④重新插拔线缆插头，检查插头的针脚有无损坏。如有，则更换安全光栅的线缆	□完成 □未完成		
	检查破损情况（线缆）	⑤检查安全光栅的线缆有无破损或断裂。如有，则更换安全光栅的线缆	□完成 □未完成		
	检查遮挡物或擦拭光学镜面	⑥检查安全光栅中间有无遮挡物，光学镜面是否干净。如有，则移除障碍物，或使用软布对光学镜面进行擦拭	□完成 □未完成		
	校准发光器与受光器的位置	⑦检查发光器与受光器安装是否对准。如果没有，则重新调整两者位置，使其对准	□完成 □未完成		
	检查供电电压	⑧测量安全光栅的供电电压是否在设备的额定电压内。如果不在，请更换电源或调节电源电压	□完成 □未完成		
	检查指示灯亮起状态	⑨检查发光器与受光器的指示灯是否亮起。如果否，则需联系原厂家进行返厂修理或更换新的安全光栅	□完成 □未完成		

三、任务结束

①归还工具。

②归还安全防护设备。

③提交故障排除记录表。

技能训练二　排除安全围栏常见故障

模拟企业真实工作场景，3 名同学为一组，2 名同学根据所学知识进行安全围栏的故障排除操作，另外 1 名同学进行监督和评分，并详细记录安全围栏故障分析与排除记录单（见表 5-3-6）。

一、准备工作

①正确穿戴安全防护设备。

②领取工具：内六角扳手一套、活扳手一个、光栅探测棒一个、万用表一个、电工胶带一卷、束线带若干、备用气管若干、备用线缆若干、软布一块。

③进入现场前，确认设备处于停机断电状态。

二、安全围栏故障分析与排除

表 5-3-6　安全围栏故障分析与排除记录单

记录人员：　　　　　　　　　操作人员：　　　　　　　　　日期：

序号	工作内容	关键流程	任务结果	出现的问题	解决办法
1	检查线缆连接	①检查安全门开关线缆及三色灯线缆与机器人间的接线是否正确。如果连接不正确，则根据接线原理图，对其重新进行接线	□完成 □未完成		
	检查破损情况（线缆）	②观察安全门开关与三色灯线缆是否有破损或断裂。如果有，则更换线缆	□完成 □未完成		
	检查插头针脚	③重新插拔安全围栏相关的插头，检查有无针脚损坏。如果有，则更换相关的插头	□完成 □未完成		
	检查供电电压（安全门开关）	④测量安全门开关的供电电压是否在设备的额定电压内。如果不在，则更换电源或调节电源电压	□完成 □未完成		
	检查供电电压（三色灯）	⑤测量三色灯的供电电压是否在设备的额定电压内。如果不在，则更换电源或调节电源电压	□完成 □未完成		
	检查输出信号配置	⑥检查工业机器人内是否为三色灯配置了正确的系统输出信号。如果配置错误，则重新配置机器人系统输出信号	□完成 □未完成		

三、任务结束

①归还工具。

②归还安全防护设备。

③提交故障排除记录表。

技能训练三　排除外围控制按钮常见故障

模拟企业真实工作场景，3 名同学为一组，2 名同学根据所学知识进行外围控制按钮的故障排除操作，另外1名同学进行监督和评分，并详细记录外围控制按钮故障分析与排除记录单（见表5-3-7）。

一、准备工作

①正确穿戴安全防护设备。

②领取工具：内六角扳手一套、钟表螺丝刀一个、万用表一个、电工胶带一卷、束线带若干、备用线缆若干。

③进入现场前，确认设备处于停机断电状态。

二、外围控制按钮故障分析与排除

表5-3-7　外围控制按钮故障分析与排除记录单

记录人员：　　　　　　　　　　操作人员：　　　　　　　　　　日期：

序号	工作内容	关键流程	任务结果	出现的问题	解决办法
1	检查按下及弹起状态	①检查外围控制按钮能否正常按下，正常弹起。如果否，则更换新的按钮	□完成 □未完成		
	检查接线	②检查外围控制按钮的接线是否正确。如果否，则对按钮进行重新接线	□完成 □未完成		
	检查破损情况（线缆）	③检查外围控制按钮的线缆是否有破损或断裂。如果有，则更换相应的线缆	□完成 □未完成		
	检查系统输入配置	④上电检查。检查机器人内部是否为外部控制按钮配置了正确的系统输入。如果否，则重新对机器人系统输入进行相应配置	□完成 □未完成		

三、任务结束

①归还工具。

②归还安全防护设备。

③提交故障排除记录表。

技能训练四　排除机器人夹具常见故障

模拟企业真实工作场景，3名同学为一组，2名同学根据所学知识进行机器人夹具的故障排除操作，另外1名同学进行监督和评分，并详细记录机器人夹具故障分析与排除记录单（见表5-3-8）。

一、准备工作

①正确穿戴安全防护设备。

②领取工具：内六角扳手一套、万用表一个、电工胶带一卷、束线带若干、备用气管若干、备用线缆若干。

③进入现场前，确认设备处于停机断电状态。

二、机器人夹具故障分析与排除

表 5-3-8　机器人夹具故障分析与排除记录单

记录人员：　　　　　　　　　　　　操作人员：　　　　　　　　　　　　日期：

序号	工作内容	关键流程	任务结果	出现的问题	解决办法
1	检查磨损情况	①检查机器人夹具的磨损情况。如果严重磨损，则需更换新的机器人夹具	□完成 □未完成		
	检查破损情况（线缆）	②检查机器人夹具线缆是否有破损或断裂。如果有，则更换机器人夹具线缆	□完成 □未完成		
	检查气路	③检查气路是否有漏气现象。如有，则更换气管或更换气管接头	□完成 □未完成		
	检查调压阀压力	④查看调压阀，观察气体压力是否达到要求的压力。如果未达到，则调节调压阀，使其压力达到所需的气体压力	□完成 □未完成		
	检查电磁阀	⑤操纵示教器，使机器人夹具动作，观察机器人夹具对应的电磁阀是否动作。如果无动作，则更换电磁阀	□完成 □未完成		
	检查传感器	⑥检查机器人夹具上的传感器是否对输入有反应，如果无反应，则更换传感器	□完成 □未完成		

三、任务结束

①归还工具。

②归还安全防护设备。

③提交故障排除记录表。

任务评价

任务评价见表 5-3-9。

表 5-3-9　任务评价表

序号	评价内容	评价标准	分数	评分记录		
				学生自评	组间互评	教师评分
1	排除安全光栅常见故障	①周围有对安全光栅造成电磁干扰的设备，未将其关闭，扣 3 分。 ②周围有强光源未关闭，或安全光栅受光器虽有遮蔽，但阻挡了发光器的光线，扣 3 分。 ③安全光栅的接线不正确，扣 3 分。 ④重新插拔线缆插头，发现插头的针脚有损坏，扣 3 分。 ⑤安全光栅的线缆有破损或断裂，扣 3 分。 ⑥安全光栅中间有遮挡物，阻碍了光线，扣 3 分。 ⑦发光器与受光器安装未对准，扣 3 分。 ⑧测量安全光栅的供电电压不在设备的额定电压内，扣 3 分。 ⑨发光器与受光器的指示灯未亮起，扣 3 分	27			

续表

序号	评价内容	评价标准	分数	评分记录		
				学生自评	组间互评	教师评分
2	排除安全围栏常见故障	①安全门开关线缆及三色灯线缆与机器人间的接线不正确，扣3分。 ②安全门开关与三色灯线缆破损或断裂，扣3分。 ③重新插拔安全围栏相关的插头，发现针脚损坏，扣3分。 ④测量安全门开关的供电电压未在设备的额定电压内，扣3分。 ⑤测量三色灯的供电电压未在设备的额定电压内，扣3分。 ⑥没有为三色灯配置正确的系统输出信号，扣3分	18			
3	排除外围控制按钮常见故障	①外围控制按钮不能正常按下或弹起，扣3分。 ②外围控制按钮接线不正确，扣3分。 ③外围控制按钮的线缆有破损或断裂，扣3分。 ④没有为外部控制按钮配置正确的系统输入，扣3分	12			
4	排除机器人夹具常见故障	①机器人夹具有严重磨损，扣3分。 ②机器人夹具线缆有破损或断裂，扣3分。 ③机器人夹具气路有漏气现象，扣3分。 ④查看调压阀，观察气体压力未达到要求的压力，扣3分。 ⑤操纵示教器使机器人夹具动作，机器人夹具对应的电磁阀无动作，扣3分。 ⑥机器人夹具上的传感器对输入无反应，扣3分	18			
5	安全生产	①劳动保护用品穿戴不整齐，扣3分。 ②操作中，未遵守操作规程，违反安全文明生产中设备操作、设备调试、用电安全知识，扣9分。 ③操作结束未清理现场，扣3分	15			
6	学生考勤情况	无迟到、早退、旷课	5			
7	工作态度	态度认真、团队合作、任务完成质量良好（字迹工整、计算正确）	5			
总分			100			

巩固练习

一、填空题

1. 排除安全光栅故障时，最好从________、________、________几个方面着手。
2. 安全围栏一些常见的故障有围栏故障、________和________。

二、简答题

1. 在工业机器人外围设备维修过程中，遇到了哪些令你印象深刻的故障，是怎么解决的？
2. 在工业机器人维修过程中，发现了哪些维修技巧，写出两到三个。

拓展阅读

刘宇辉:为飞机智慧维修提供“中国方案”

作为机务类机载信息领域的杰出专家,刘宇辉,二十余年如一日地秉持“创新驱动发展、科技引领未来”的核心理念,将工匠精神融入科技创新的每一步,为机载电子化系统关键技术基础平台的建设添砖加瓦,助力中国民航向高质量发展迈进。

他深谙技术前沿,成功设计并实施了面向新一代电子化飞机的工程数据管理系统,该系统不仅实现了机载信息系统软件生命周期与硬件系统有效性/完整性控制的全面管理,还打通了工程管理的全流程节点,为构建下一代整机全生命周期数字化工程管理系统提供了宝贵的原型参照。在此基础上,他还构建了全方位的飞机故障跟踪与诊断、位置信息灵活追踪以及动力系统燃油监控等管理机制,依托大数据技术不断拓展维修数据的深度与广度,为实现精准维修、降低维修成本、提升企业经营效益贡献了重要力量。近日,他荣获“中国质量工匠”称号,实至名归。

自1996年加入南航以后,刘宇辉便将飞机维修中的难题视为挑战与兴趣所在,深耕于飞机健康监控诊断与大数据领域的科技创新。2002年,他带领团队突破重重难关,成功研发出“飞机远程诊断与实时跟踪系统”,一举打破了波音、空客等国外厂商的技术垄断,开创了以飞行大数据为驱动的飞机智慧维修关键技术“中国方案”,填补了国内相关领域的发明专利空白。该系统以其独特的技术方案,兼容多种主流机型机载设备传感数据,构建了符合中国航空公司运营特性的远程故障诊断平台,实现了地面工程师对飞机的远程“把脉问诊”。

在团队建设与科技创新方面,刘宇辉始终坚信“团结就是力量”。为解决南航飞机电子“无故障送修”难题,他带领团队历经18个月的艰苦努力,成功搭建了“无故障送修全流程支撑”技术平台,实现了设备故障数据与送修流程的同步捆绑,为南航节省了大量维修费用。此外,他还领衔成立了高技能人才创新工作室,带领团队在工业互联网、飞机传感大数据维修数字化平台等领域取得了显著成果,获得多项国家发明专利与软件著作权。

在关键时刻,刘宇辉更是勇于担当。在国产大飞机研制期间,他带领团队无私分享核心技术,为中国商飞的同类系统构建提供了重要技术支撑。

刘宇辉的故事是科技创新与工匠精神完美结合的典范。他用自己的实际行动诠释了何为责任、何为担当、何为创新。在未来的日子里,他将继续在科技创新的道路上砥砺前行,为中国民航乃至全球航空事业的发展贡献更多的智慧与力量。